什么是维度?

[日] 矢泽洁　新海裕美子
[德] 海因茨·霍利斯 _____ 著

史苑 _____ 译

机械工业出版社

CHINA MACHINE PRESS

对于生活在三维世界的我们来说，二维和三维的概念很好理解，但更高的维度可能会让我们感到困惑。事实上，在探索宇宙真理的过程中，多维、高维和额外维度都是不可回避的关键因素。本书以维度为主题，通过生动有趣的插图和通俗易懂的语言，全面介绍了维度的基本概念和思维方式，以及由此得到的最新理论，如弦理论和膜宇宙；详细梳理了史上赫赫有名的数学家和物理学家对维度的探索历程。翻开本书，让我们跟随科学家的脚步，一步步揭开维度的神秘面纱！

Original Japanese title: JIGEN TOWA NANIKA
by Kiyoshi Yazawa, Yumiko Shinkai, Heinz Horeis
Copyright © 2011 Yazawa Science Office
Original Japanese edition published by SB Creative Corp.
Simplified Chinese translation rights arranged with SB Creative Corp.
through The English Agency (Japan) Ltd. and Shanghai To-Asia Culture Co., Ltd

北京市版权局著作权合同登记　图字：01-2020-0387 号。

图书在版编目（CIP）数据

什么是维度？/（日）矢泽洁，（日）新海裕美子，（德）海因茨·霍利斯著；史苑译. — 北京：机械工业出版社，2021.7（2022.7重印）（自然科学通识系列）
ISBN 978-7-111-68448-0

Ⅰ.①什…　Ⅱ.①矢…　②新…　③海…　④史…　Ⅲ.①维度效应–青少年读物　Ⅳ.①O572–49

中国版本图书馆CIP数据核字（2021）第113093号

机械工业出版社（北京市百万庄大街22号　邮政编码100037）
策划编辑：蔡　浩　　责任编辑：蔡　浩
责任校对：赵　燕　　责任印制：张　博
北京利丰雅高长城印刷有限公司印刷

2022年7月第1版·第2次印刷
130mm×184mm·6.25印张·114千字
标准书号：ISBN 978-7-111-68448-0
定价：49.00元

电话服务　　　　　　　　　网络服务
客服电话：010-88361066　　机　工　官　网：www.cmpbook.com
　　　　　010-88379833　　机　工　官　博：weibo.com/cmp1952
　　　　　010-68326294　　金　书　网：www.golden-book.com
封底无防伪标均为盗版　　　机工教育服务网：www.cmpedu.com

前　言

　　本书虽然从摆在眼前的 1 个球开始展开，但随着章节的进展，可能会因为某些内容的加入，逐渐走向复杂离奇的方向。

　　这是因为近年来，诸如"多维""额外维度"之类的物理学或宇宙学新兴名词开始在社会中流传开来，在写以维度为主题的书时，难免要追求这样的科学新方式。

　　说回这个球，它不像乒乓球一样内部是空的，而是一个被塞满了物质的球体。这样的球便可以说是立

1 个球

体的或者三维的，其中肯定也不乏有人用时兴的 3D 或 Three Dimensional 去称呼它。

不管怎样，这个球所占的空间广度是由长、宽、高这三个量来决定的，因此被认作是三维球体。

这里所说的维度并不是数学和物理学世界中使用的术语，也不是如"我和你是活在不同维度世界的人"这种社会性、比喻性表达的维度，而是定义上所说的维度。虽说如此，这种日常生活中维度的使用方法，从根本上来说也是从定义维度的用语中派生出来的。因此本书要从维度原始的由来开始说起，并且我估计中途也不会脱离本质。

回归正题，首先，用小刀将刚才内部被塞满的球一下子切成两半。球中间就会出现两个相同的"面"。这些面有长有宽，但没有高度（厚度）。也就是说，这是具有两个量的"二维"图形。最初的三维球体失去体积或容积，只剩下面积。

接着，用刚才的小刀把两个图形的其中一个再切一次，于是图形的切口出现了"线"。这条线既没有宽度也没有高度，只有长度这一个量。这样先是体积消失，接着面积消失，只剩下长度这一个量。那么我们就可以说，长度是"一维"的本体。

之后，把因二维切口出现的这条线再次用小刀切开。于是线的切口处出现了无穷小的"点"的形状。虽说是形状，但是点并没有我们所能想象出的长、宽、高，更没有面积和体积。那个点仅仅是在切开的瞬间，作为从过去通往未来的途中的经过点一样出现了。在这个点上，没有任何能被我们观测到的可以作为量的维度，因此被称作"零维"。

这么看我们立刻就会发现，零维是从一维中出现的，一维是从二维中出现的，二维是从三维中出现的。也就是说，每个维度不独立存在，较低的维度往往隐藏在比它更高的维度中，或者重叠在一起。

这几个维度任谁都能轻易理解。然而，就像开头提到的，近年来一些物理学家和宇宙学家通过一度热议的"超弦理论""膜宇宙"或"多元宇宙"等理论预言出其他宇宙；从我们固有的直观的三维空间和爱因斯坦的相对论所预言的四维时空等观念来看，这些宇宙具有我们终究无法把握的维度。

宇宙有五维、十维、十一维……甚至是二十六维或无限维！这种就是"四维时空＋额外维度"的空间，更有无数这样的宇宙像肥皂泡一样在更广阔的时空中出现了又消失。维度现在正面临着困难的局势，生活在这样的时代的我们"头脑都变得奇怪起来"。

本书由三人合著，但从一开始就没有硬性规定由谁来写哪一部分。其中一位合著者尊重科学规定和规则，决不会背离本来的主题；另一位倾向于用冷静的视角看待新的假说和理论；剩下一位喜爱用天真和讽刺相交织的手法——所以这本书可能会描绘出互不相容的三个灵魂碰撞的维度世界。

另外，合著者中的一位想用英语书写，该英文部分由年轻且朝气蓬勃的研究者田中智行先生进行翻译。在这里事先向他表示谢意。

最后感谢 Softbank Creative 的益田贤治主编。对于在工作中容易松懈的作者，他总是以宽容之心接受，是一个来自特殊维度的人。

为三位合著者代言　矢泽洁

目 录

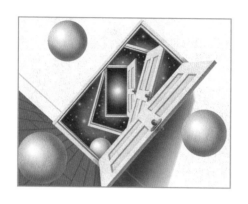

第 5 章　初露头角的五维空间 ·················· 117

第 6 章　弦理论和多维宇宙 ·················· 141

第 7 章　人类是膜宇宙的住民吗 169

作为后记的终章 193

第1章

从零维到一维的世界

表示空间性质的维度起始于零维的点。移动点描绘出轨迹，就形成了二维的线。人类根据这样的点或线来定义维度，并予以证明。在第1章中，我们将带你追寻古希腊自然哲学家和数学家研究维度的足迹。

事物从"点"开始

维度始于零维，零维就是点。因此，维度的话题也必须从点开始。

当我们在平时的对话中听到"点"的时候，大多数人脑海中都会浮现出非常小而圆的东西，也就是"点"。比如在纸上用铅笔或签字笔书写或打上点，文章中分隔两个词语的标点等。

这虽然是日常生活中的点——用英语说就是 dot 或 period——但和本书要讨论的点是不同的。因为在纸和墙壁上书写的点，靠近仔细一看，是有直径的。纸上用铅笔打的点直径为 0.2 毫米左右，它们能用肉眼看到，这就是打点的意义。但这并不是数学或物理学上所说的点，准确来说这些点应该是呈圆形或圆盘状的图形。

本书所说的点是平面上的"某个地点"。那是位置而不是事物。这里没

兔子的维度

零维的兔子　　　　　一维的兔子

（图片来源：Yazawa Science Office）

有任何长度、宽度、高度等表现事物性质的量——当然更没有颜色、重量、气味，只有被指定为"这里"或"那里"的地方。并且，因为没有表现事物性质的量，即维度，所以点被称作零维或零维空间。

零维是点，一维是线，但这种观点并非起源于近代数学和科学的历史。2000 多年前的古希腊哲学家们已经对点和线进行了深入地思考。人们的想法自古以来就没有多大的变化。太阳底下无新事。

因此从现在开始，让我们先一步步跨越零维的点和一维的线

二维的兔子

三维的兔子

这样的"低山"，慢慢适应。再逐渐以高山为目标，竭尽所能挑战最后的多维和额外维度这样的非正常世界的"高山"，最终跨越未知的宇宙。

欧几里得几何学的诞生

如果拖拽零维的点移动，按道理来说描绘出来的点的轨迹就是线。但是实际上我们并不能移动零维的点。因为点是既没有宽度也没有长度的无限小的存在，我们没有办法去移动它。

另外，虽然可以在纸上画直线，但是不管用什么方法画出来的线都有宽度，所以这不是一维的线。和刚才所说的点的情况一样，即使是肉眼难以分辨的细线，仔细观察也一定是有宽度的。因此，画在纸上的线是有宽度的长线，即二维的平面。

柏拉图⊖的老师苏格拉底在狱中将毒酒一饮而尽，弥留之际与在场学生们的哲学讨论被柏拉图整理成了著作《斐多篇》。这是主要关于苏格拉底是如何看待死亡或者灵魂不灭的作品，其中还记述了一维空间的内容。归根结底，在现实世界中，无论线画得多细也不可能画出没有宽度的真正的线（一维空间）。

⊖ 柏拉图（公元前 427—前 347）
生于雅典的名门望族。跟随苏格拉底学习，之后又游历各地。在公元前 387 年回到雅典，创立了自己的学校，即"学院"（又称柏拉图学院），培养了亚里士多德等许多弟子。他认为真正的现实存在于可见现象的背后，并称之为"理型"。在理型的世界只能通过对理性的普遍认识来进行理解。其哲学思想体现在《苏格拉底的申辩》《会饮篇》《理想国》等多篇作品中。

柏拉图

柏拉图认为，即使现实世界中无法描绘出"真正的线"，人们也能想象出来。

但是柏拉图认为重要的是，即使现实世界中不存在真正的线，我们也可以想象出没有宽度的线。他认为，就算眼睛看不到真正的线，它也确实存在着。

柏拉图去世约20年后，欧几里得⊖出生了，他对一维的线进行了更严格的定义。欧几里得是一位数学家，活跃于当时世界最有名的城市之一——埃及北部面朝地中海的亚历山大里亚。他将当时的几何学系统地总结成了13卷，编著了《几何原本》一书。

这部著作的第一卷就展示了作为几何学基础的23个"定义"和5个"公理"，以及5个"公设"。

这里的公理和公设是指为引导其他命题而作的前提性假设。公理是最基本的、绝对的假设，而公设则是顺应情况而非绝对的假设。尽管两者的区别不是很明显。⊖

而早在《几何原本》的第一页，就将柏拉图阐述过的"线是没有宽度的长线"的说法作为定义的第二点进行记述。不仅如此，关于一维线的描述，欧几里得还进一步做了如下补充：

①线的一端是点

②直线是点均匀排列的存在

③面的一边是线

④从任意点到其他任意点画一条线就能得到直线

⑤由有限长度的直线可以构造出任意长度的直线

⊖ 欧几里得（约公元前325—前265）
  在埃及的亚历山大图书馆学习，活跃于亚历山大里亚的希腊数学家。他从数十个数学定义和公理出发，按逻辑步骤逐一证明命题，确立了几何学体系（欧几里得几何学），并整理成《几何原本》全13卷。关于他的记述不够完整，据说当时的埃及国王托勒密一世曾向欧几里得询问是否有学习几何的捷径，欧几里得说："几何无坦途。"

⊖ 近代数学对两者不再加以区分，都称为"公理"。　——编者注

欧几里得

古希腊数学家欧几里得。他的著作《几何原本》给之后乃至现在的数学界带来了极大的影响。

应该收录进亚历山大图书馆的《几何原本》，其原稿在之后遗失或因火灾被烧毁了，除了抄本以外再没剩下任何东西。现在的《几何原本》是在抄本的基础上进行编写的，因此，这些定义的表达就版本来说稍有不同，但想表达的意思没什么变化。《几何原本》中没有现代著作中惯有的序文部分，它是冷不丁从"点没有组成部分"的定义开始讲起的。而且只是罗列了各自的定义和公设，没有补充说明，也没有证明它们为什么是定义和公设。这么看来记述得相当不详尽。

特别是要把这本书翻译成日语版时，其中②（第 1 卷中的定义 4）要把希腊语的原文先翻译成英语，再进一步翻译成日语，过程中会出现各种各样的表达和说明，如"直线是关于其上的点

欧几里得的《几何原本》

的均匀分布的横线" "直线就是关于其上的点的均匀分布的线" 等。这些译文本身的意思也不明确。

简单来说，直线上的点是均匀且均等地存在的。但后来的数学家们都因为这个定义不够明确而怨声载道。

顺便一提，③是定义 6，意思是可以根据二维的面去表示一维的线。

定义点和线没有意义？

不管怎样，欧几里得通过写这本书成了平面几何学（即所谓的 "欧几里得几何学"）的创始人，但书中所说的面并不是特指平面，线也不局限于直线。所以欧几里得所说的线，也被认为包含了切开曲面时出现的一边（缘）的曲线。

曲线出现在二维空间（平面或曲面）或三维空间（立体）中。然而，曲线仍然是一维的东西。之所以这么说，是因为曲线上的各点之间只能用距离这一个量（数值）来表示。

我们在这个世界的各处都能看见面的边缘，也就是线。就像刚才所说的，画在纸上的一维线一定有宽度，所以称之为线的说法并不严密。与之相对的物体的边缘，也就是说物体与另一物体（气体也可以）的边界线没有宽度，那才是真正的一维的线。

单单是"无数"不能成线

开头已经提过，移动零维的点形成的轨迹就是一维的线，而此时的直线或曲线是连续性的线。反过来说就是，连续性的一维空间是由无数的点构成的。

如上所述，欧几里得在《几何原本》中写到了"直线上的点均匀存在"这句话，但点如果这样存在的话究竟意味着什么，关于这一点他只字未提。

然而关于线上的点，在欧几里得之前已经有人考察过。那就是公元前5世纪生活在古希腊殖民地埃利亚，也就是现在的意大利半岛南部的哲学家芝诺○。

阿基里斯和乌龟的悖论

他以提出著名的"阿基里斯悖论"而闻名。这一悖论揭示了具有连续性的一维空间是由无数的点构成的。芝诺在悖论中做了如下论证，证明以速度著称的古希腊神话中的英雄阿基里斯绝对跑不过慢吞吞的乌龟。

阿基里斯从乌龟后面朝着和乌龟一

○ 芝诺（公元前490—前425）

和斯多葛学派的哲学家芝诺不是同一人。虽以4个悖论而闻名，他却没有留下著作。其哲学在柏拉图的《巴门尼德篇》和亚里士多德的著作中都有介绍。关于芝诺之死，有说是芝诺因蓄谋反对埃利亚的暴君而被拘捕、拷打，直至处死。

样的方向跑。假定阿基里斯的速度是乌龟的两倍，但当他到达乌龟所在的位置时，乌龟已经跑在了前面（领先阿基里斯跑的路程的1/2）。阿基里斯到达那个地点时，乌龟依然领先阿基里斯所跑路程的1/2。阿基里斯和乌龟的距离缩短为初始距离的1/2、1/4、1/8、1/16……但是两者之间的距离（线）可以无限分割，这样反复无限分割，阿基里斯便怎么也追不上乌龟了——这个乍一看令人不明所以的悖论的前提是：一维的线由无穷多个点组成。

在芝诺之后又过了约 2000 年，人们对一维的理解到了更深的层次。19 世纪的德国数学家理查德·戴德金⊖在数学上证明了

阿基里斯追到乌龟所在的位置时，乌龟已经到了下一个点。阿基里斯到达那个地点时，乌龟又到了新的下一个点。只要乌龟还在前进，那么阿基里斯无论跑得多快也追不上。

⊖　理查德·戴德金（1831—1916）
　　德国数学家，曾在哥廷根大学跟随 19 世纪最伟大的数学家卡尔·弗里德里希·高斯学习。第一次明确定义了无限和有限，创立了实数论。对以格奥尔格·康托尔为首创立的集合论也有贡献。

这样一个事实：把一根线切成两段所形成的点无论记录多少个都不能完全填补一维空间。也就是说，即使无限分割，也不足以形成一维线所必需的"连续性"。

我们在数数和测量时用到的"数字（号码）"，自古以来就被看作是一维的直线。像身边的尺子和温度计一样，在直线上标上刻度数字（称为"数轴"），使被标记的整数分散排列。但是，如果存在像 1/2 或 1/3 这样可以用整数比来表示的数值（有理数），数轴上便存在无穷多个数字，因为无论是 617/2839 还是 850325/1048576 都属于有理数。

如芝诺所述，两个数值之间，无论它们之间的差值多小，都存在着无数的有理数，所以它们是连续的。但是戴德金为了反证这一点，想出了"分割线"的方法。对于直线分割后断点两侧数值是否存在进行调查，被称为"戴德金分割"。

如果使用这种方法，就可以发现其中一个截点一定是无理数，即用整数比也无法表示的数值。在一维数轴中把无理数添加进有

戴德金分割

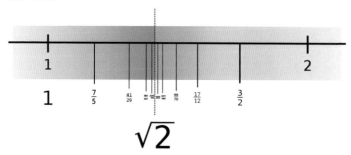

理数中，就可以首次实现实数的完整。换句话说，这表示在数轴上存在所有实数点。

一维空间的点总是不变的吗

但点的数量究竟是多少？乍一看，这个问题只能回答"无穷"。

然而，戴德金的朋友，出生于俄罗斯的数学家格奥尔格·康托尔⊖，从数学角度考察了构成一维空间的点的数量是多少。结果是这个数量是比所有整数的数目，也就是无穷大还要大得多，并表示构成任何一维空间的点的数量都是相同的。这使其他的数学家们打心底里感到震惊。

从常识上来看——或许对认为线上的点是均匀排列的欧几里得来说——因为长直线也包括短直线组合而成的长线，所以点的数量一定是长直线多。但是康托尔表示，长 1 毫米的直线也好，太平洋海底电缆一般长的一万千米的曲线也好，或者更进一步说通往宇宙尽头超乎人类想象的长度的直线，还有我们甚至想象不出的无穷长度的线也好，构成这些线的点的数量都是相同的。

欧几里得在之前的著作中提出了"整体大于部分"的公理，那是任谁都能理解的理所当然的道理。然而康托尔的回答却有所

⊖　格奥尔格·康托尔（1845—1918）
　　出生于俄罗斯的德国数学家，确立了作为数学基础理论的集合论。也通过在对角线论法中证明实数是数不尽且无限的观点而被人知晓。他在德国哈雷大学执教多年，晚年因精神疾病在哈雷的医院去世。

格奥尔格·康托尔

不断探索"无限"这一问题的康托尔发现，构成任何长度的线的点的数量都是相同的，平面或空间所包含的点的数量也和一维线的情况相同。

构造一维空间点的数量（证明方法）

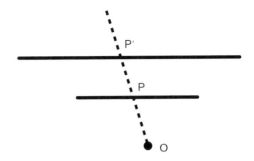

如图所示，画两条长度不同的平行线段。通过两条线段外侧的点 O 朝这些线段所在方向画一条直线，直线与线段的交点设为 P 及 P′。这样 P 和 P′ 就可以一一对应。短线段上所有的点都能在长线段上找到不重复的点相对应。反过来，长线段上的点也和短线段的点一一对应。

不同。他提出构成任何一维空间的点的数量都是相等的，进一步说就是空间中存在"部分和整体相等"的情况。

零维和一维的关键区别在于一维具有大小（长度）。因为零维空间是点，点的数量只有一个，但它是没有量（物理量）的一个点。与之相对，一旦像一维空间那样具有物理量，那么构成零维空间的点的数量就是无限的。

据康托尔所说，如果将前面提到的整数数目设为 $\aleph_0$（Aleph0）——$\aleph$（Aleph）是希伯来语的第一个字母，则一维空间的点的数量为"2 的 $\aleph_0$ 次方"。没想到无限居然也有大小差异。因此，空间中的无限点的数量被表示成"2 的无限次方"，由于这是人类根本计算不出的数字，只得用数学符号来表示。

这里也产生了其他的疑问。在数学中，一维的直线或曲线（二维空间或三维空间也同样）是无限数量的点的集合。每个点的大小都是 0，但当它们聚集在一起时，为什么会产生一维或更高维度的量呢？几个 0 聚在一起不也是 0 吗？

对于这个问题，似乎世界上任何一个数学家都没有找到令人信服的答案。另外，还产生了一个更大的疑问，即数学空间是否可以适用于实际的物理空间。关于这方面我会在之后的章节里提及。

线之国的生命体

我们生活在三维空间（加一维时间）中，平时根本不会考虑到其他维度的世界。但是，假设在一维空间中也生存着有意识的生物，我们可以想象一下这个生命体中会看到怎样的世界。

第一个开始认真构想这种世界的人当属 19 世纪英国的神学家、英语教师，且从 26 岁开始担任伦敦城市学校校长的埃德温·艾勃特。

他创作了以二维生命体为主人公的小说《平面国》（*Flatland*），并在其中一章中描写了线之国，即线的国家。在那儿住着的都是点或线的生物。

从线之国生物的视角来看，眼前身后都只有点。当然，因为线没有宽度也没有厚度，所以它的横截面也没有大小，因此眼睛按道理是看不到的，但在这里暂且忽略这一点。

在线之国不能改变与之（前后）相邻的生物。因为他们只能前进和后退，没办法擦肩而过超越别人，也不能一个人气势汹汹地跑下去。因为如果一直跑下去，一定会追上前面的生物造成追尾。要想继续奔跑，线之国的所有生物必须以相同的速度向相同的方向奔跑。

线之国的世界虽然都是直线，但一维不仅是直线，也包括曲线。但是一维生物无法区分他们的世界是直线还是曲线。对于他

线之国

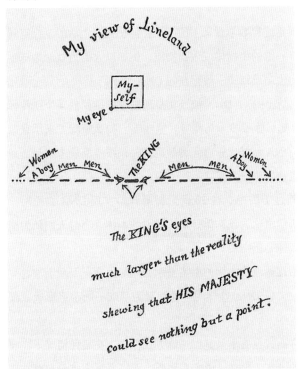

这是《平面国》的作者艾勃特画的图。住在线之国的居民不是点状就是各种各样长度的线状。他们全部排成一列，自己的视野范围内只有前后的居民。

（图片来源：E.Abbott，Flatland-A Romance of Many Dimensions，1885）

们来说，移动或运动只能通过前进或后退，所以转弯的概念根本是不存在的。这与住在三维宇宙中的我们一开始不知道三维宇宙的形状是一样的——除了根据物理理论浮想联翩以外。

用一维构造三维

虽然不是纯粹数学意义上的一维，但在我们生活的三维空间中也存在着一维的生物体或生物物质，例如以人类为首的地球生命中，作为生命设计图一般存在的 DNA 分子。

在 20 世纪中期，DNA 被证实是通过一列排列的 4 个遗传标记（4 个碱基 = 腺嘌呤、鸟嘌呤、胞嘧啶、胸腺嘧啶）来承载遗传信息[一]。DNA 就好比带有 4 种颜色的一条线（准确来说是 2 条线，一条复制另一条）。

由于其过于简单，在 20 世纪初最开始发现 DNA 物质时，几乎没有科学家认为该物质是遗传基因的本体。当时人们认为遗传信息的载体是蛋白质。

但此后逐渐浮出水面的事实显示，地球生命正不断上演着一场"绝技"，以 DNA 这样的一维信息为基础不断重组形成三维的蛋白质。

另一方面，也有本来是以三维方式存在，在某种情况下变成一维存在的事实。例如，电子在物质内部以三维方式分布存在，

[一] 1953 年，詹姆斯·沃森和弗朗西斯·克里克发现了 DNA 的双螺旋结构，共同获得了 1962 年诺贝尔生理学或医学奖。

DNA

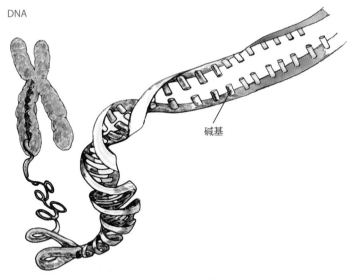

4 种碱基

4 种碱基在长链上呈一维排列，2 条链形成一个双螺旋。

（图片来源：Yazawa Science Office）

并且一直在三维空间中运动。但 1950 年，日本诺贝尔物理学奖获得者朝永振一郎⊖曾预言，如果电子以一维方式移动，它们就会像液体一样形成一体进行运动。

在这种情况下，电子的行进通道就如同单轨电车一般有且只有一条通道。因此，即使特定的电子具有较高的能量，且速度快过其他电子，也无法超过前面速度较慢的电子。就像之前所说的线之国的生物一样，即使特定的电子被赋予了能量，它也不会高

⊖ 朝永振一郎（1906—1979）
日本代表性理论物理学家之一。通过引入一种理论，避免了量子论中物理量在理论上变得无限大的问题（发散困难），为量子电动力学（QED）的发展做出了贡献，并借此在 1965 年与费曼等人一起获得诺贝尔物理学奖。

速运行，而是会像液体那样集中在一起再加速前进。

多数电子表明的这种现象，被冠以朝永和后来改进此理论的美国人浩金·拉廷格的名字，称为"朝永–拉廷格液体"，成为量子现象的一种。

在三维世界中严格按照一维方式运动应该是不可能的，因此朝永–拉廷格液体最初也被认为只能存在于理论上。但是在半个世纪后的 2003 年，在碳原子呈管状排列组成的碳纳米管⊖内部的电子，被证明实际上进行着一维运动。这大概就是我们身边的三维世界里隐藏着"一维世界"，并对三维空间毫无察觉的证据。

碳纳米管

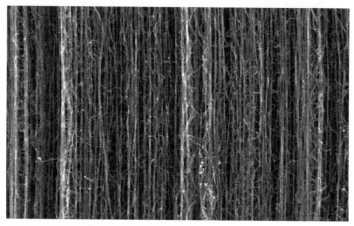

由碳原子连接而成的碳纳米管的电子显微镜图像。

（图片来源：NASA）

⊖ 碳纳米管
碳原子连接成六角形（一部分是五角形和七角形）的管状结构。这是日本的饭岛澄男在研究富勒烯时发现的。富勒烯是由碳原子形成五角形和六角形再连接在一起，从而形成一个中空的圆球壳。

存在着非一维的线

所有线都应该是一维的，但事实并非如此。如果稍许改变维度的定义，就会出现介于一维和二维之间的维度。这是 20 世纪初期由德国犹太裔数学家费利克斯·豪斯多夫提出的观点。

在定义维度的时候，通常如果决定某点位置的独立坐标数为1，那么它就是一维的，如果是2就是二维的。按这种方式定义的维度被称为"拓扑维度"。但是豪斯多夫却有了另一种想法。

将一维的线变成原来 2 倍长，线的长度就变为原来的 2 倍；将其变为原来 3 倍长时，线的长度就变为原来的 3 倍。如果是二维平面，图形的边长变成原来 2 倍长，则面积变为原来 4 倍（2^2）；边长变为 3 倍则面积变为 9 倍（3^2）。三维的立方体边长变为 2 倍的话体积就是原来的 8 倍（2^3），变为 3 倍的话体积是 27 倍（3^3）。

换句话说，如果将 n 维的图形边长放大至 x 倍，其所占空间的大小（如面积或体积）就是 x 的 n 次方。反过来说，根据图形放大后的大小，可以反推出维度 n（若边长放大至 x 倍后的空间大小为原来的 A 倍，则 $n=\log_x A$）。这样推算出来的维度被称为"豪斯多夫维度"。

直线在拓扑维度和豪斯多夫维度中都是一维的，曲线在大多数情况下也是如此。但也有例外，那就是所谓的"分形"。

比如在科赫图形中，就如同俄罗斯民间工艺品套娃一样，将图中一部分放大后，发现其实存在着更小、但形状与整体完全相同的图（相似形）。不管放大多么小的部分，都会出现和整体一样的形状。这种具有自相似性的图形就是分形。

这种科赫图形也是由一条曲线（由直线以特定角度弯折而形成）构

科赫图形

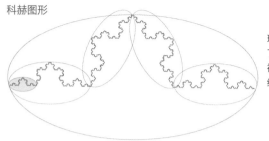

瑞典数学家科赫发现
了在局部上相似形状
被无限重复的层次性
结构。

（图片来源：Yazawa
Science Office）

成的。但是，如果算出它的豪斯多夫维度，结果就不一样了。如果将科赫曲线放大至 3 倍，它的长度则变为原来的 4 倍。也就是说，科赫图形的豪斯多夫维度是匪夷所思的 1.26 维（$\log_3 4 = 1.26$）。

即使从坐标的角度看，科赫图形也不是一维的。科赫图形是一条线，因此只要知道离某一点的距离就会自动确定线上各点的位置。然而，就像图中非常小的部分，其内部包含无穷数目的相似形。因此，两个点之间的距离（沿线的方向）是无限的，仅用一个坐标不能确定各点的位置，而需要两个坐标才能确定。

另一种分形就是佩亚诺曲线，也仅仅由线构成，看起来很像是一维。但如果把这个图形刻画得无限精细，它最终会填满整个平面。佩亚诺曲线用豪斯多夫维度算出是二维的，在拓扑维度中也是二维的。佩亚诺曲线可以被称为"看似一维的二维"。

顺便一提，豪斯多夫研究的这种抽象数学被当时的纳粹政权视为"犹太无用之物"，他被迫辞去波恩大学的教授一职。1942 年，豪斯多夫和妻子以及妹妹一起自杀身亡。

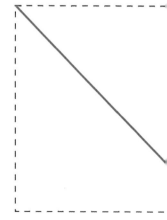

豪斯多夫之墓

豪斯多夫和他的家人被埋葬在德国西部的波恩。

佩亚诺曲线

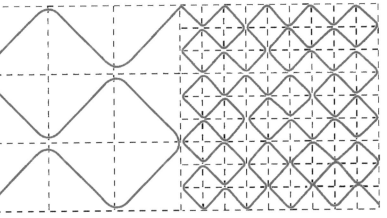

画一条线，经过所有的正方形且只经过一次。正方形无限地变小，描绘的线便填满了整个平面。

（图片来源：The Concise Oxford Dictionary of Mathematics）

第 2 章　二维世界

虽然欧几里得几何学的诞生使零维和一维得到了证明，但它无法用于整个二维世界。当非欧几里得几何学被推导出来时，对复杂的"弯曲二维"世界的观测才终于成为可能。

证明"平行公设"

有一个问题一直困扰着各个时代的数学家们。那就是上一章所提到的欧几里得著作《几何原本》中出现的"平行公设"的证明问题。

《几何原本》的内容实际上并非欧几里得原创，而被认为是来自古埃及。在古代埃及，由于尼罗河每年都会洪水泛滥，在其流域和三角洲地带堆积了肥沃的土壤。但是每当尼罗河泛滥时，住在这一带的人们耕种的农田就会被冲毁，即使水退了，也不知道哪里是自己的耕地，这样的情况一直在重复发生。

长年被河水泛滥折磨的住民，因为需要将土地按本来的布局分配，开始逐渐运用几何学来测量土地。就这样在尼罗河流域，出于实际需求，几何学得到了发展，并成为一门学问传到了古希腊。

以这样的历史为背景，欧几里得集古埃及和古希腊的几何学之大成汇编成《几何原本》，通过反复证明，展现了非常复杂的几何学和代数内容。其理论体系受到当时乃至后来的数学家们的高度评价。因此《几何原本》在近 2000 年的时间里一直被作为数学教科书来使用，也是现代数学的基础。

但是后来有件事令数学家们很是费解。《几何原本》的第 5 条公设即"平行公设"被称作"不证自明"，就是"不用证明也清楚明了"的意思。

几何学的故乡

古埃及人常年忍受着尼罗河泛滥之苦。但另一方面，由于洪水泛滥，尼罗河下游形成了肥沃的三角洲地带，文明在此开花结果，因土地测量的需要几何学得到了发展。图为太空俯瞰的尼罗河三角洲。

（图片来源：NASA）

这里所谓的平行公设，根据后来数学家的简化解释，就是"过直线外任意一点，与该直线不相交的直线有且只有一条"。不言而喻，这就是平行线。

后来很多数学家都认为，像该公设这样内容复杂却没有得到任何证明而被放在一旁是很奇怪的一件事。他们试图用《几何原本》中的公理和其他公设来证明该公设，但这一切都无疾而终。并且，平行公设并不总是正确的。

最开始察觉到平行公设存在限制且并不总是正确的人，也许是在欧几里得 2000 多年后的数学家卡尔·弗里德里希·高斯。

平行公设

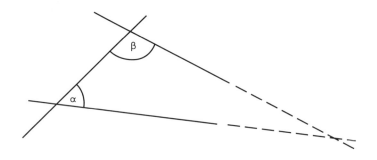

当一条直线与两条直线相交形成的同侧内角之和小于两个直角之和（180°）时，延长这两条直线，它们必定会在这一侧相交。

神童创造出的新几何学体系

　　1777 年，高斯出生在位于现在德国东北部下萨克森州的不伦瑞克公国的一个瓦工家里，他在会说话之前就学会了算数，被周围人称作神童。10 岁的时候，小学老师问他从 1 加到 100 的总和，他只用了几秒钟就回答出答案：5050。据说，他在晚年还

卡尔·弗里德里希·高斯

高斯是与阿基米德、牛顿齐名的大数学家。他是近代数学的开拓者，特别是对数论做出了巨大贡献，在电磁学和天文学方面也做出了杰出贡献。

高斯的著作

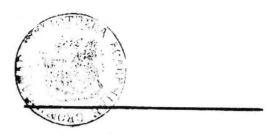

DISQVISITIONES

ARITHMETICAE

AVCTORE

D. CAROLO FRIDERICO GAVSS

LIPSIAE

IN COMMISSIS APVD GERH. FLEISCHER, JUN.

1801.

高斯 24 岁时出版了关于数论的著作《算术研究》。

曾向周围人传授这道题的解答经验。

　　顺便一提,少年高斯当时并不是从 1 开始按顺序累加计算出结果的,而是发现从 1 加到 100 总共有 50 对能凑成和为 101 的数组,如 1+100=101、2+99=101、3+98=101……用 101 乘 50 就是 5050。

　　高斯在 18 岁时发现了最小二乘法⊖,在 19 岁时证明了二次互反律⊜,在大学时期又构想出了正十七边形的尺规作图法。他对物理学和天文学也很了解,1801 年被首次发现随后又行踪不明的小行星谷神星的运行轨迹,就被高斯成功计算了出来。

　　高斯早在 15 岁时就开始关注平行公设问题。他注意到,即使这个公设不成立,也不妨碍与之无关的几何学体系的成立。据高斯遗留下来的研究笔记和书信等内容推测,他最晚在 1816 年改写了平行公设,并发现了新的几何学体系。

　　但是高斯恐于当时学界的反对和骚动,只是私下向身边的友人传达了概要,并没有公开研究成果。事实上,在 19 世纪初,即使是处于世界学术界顶端的欧洲,研究人员和科学家发表自己研究成果的手段还是极其缺乏。当时用于发表论文的学会杂志和专业科学杂志还不存在,想要公开研究成果的人只能自费通过粗糙的印刷,制成为数不多的小册子放到少数书店去展示或通过邮递派送。

　　⊖　最小二乘法
　　　　一种数学优化建模方法,这种方法能使模型的预测值与实际测定值之差的平方和最小。

　　⊜　二次互反律
　　　　判断已知整数是否为某平方数除以另一整数所得余数的法则。

本来高斯就对学术成果和权利的争夺不感兴趣，即使是最小二乘法的名称，他采用的也是比自己先发表研究成果的法国数学家勒让德⊖使用过的名称，并积极介绍其方法。比起与人争论，高斯似乎更希望构建一个能够专注研究的环境。

从欧几里得几何学到非欧几里得几何学

"曲面"几何空间不符合欧几里得的平行公设，但仍能成立。在欧几里得几何学中，二维平面是指具有纵和横两种坐标的平面。即使在高斯时代，所有几何学也都是在平面上讨论的，人们并没有考虑除此之外的可能性。然而，高斯察觉到，对于在曲面上所做的两条直线来说，平行公设是不成立的。

最早提出平行公设反对论的是高斯挚友的儿子。高斯大学时代的好友匈牙利人鲍耶·法尔科斯经常与高斯探讨关于平行公设的问题。然而，他的反证尝试全部以失败告终了。

谁知法尔科斯的儿子亚诺什也对此问题很感兴趣，但他父亲却因为自己的失败经验而告诫儿子放弃对该问题的研究。关于平行公设，法尔科斯写道："我在无尽的黑夜一直摸索，但人生的所有光明和喜悦都从中流失。"

⊖ 阿德里安－马里·勒让德（1752—1833）
和拉格朗日、拉普拉斯一道并称为"三 L"，是法国大革命时期的代表数学家。他的主要贡献在统计学、数论和数学分析上。

　　但是亚诺什不听父亲的劝告，不断钻研平行公设。然后在1823 年，21 岁的亚诺什在不知不觉中得出了和高斯相同的结论。

　　亚诺什指出："过直线外任意一点，有无数条直线不与该直线相交。"这改写了平行公设。之后，他基于欧几里得几何学中

挑战"平行公设"的数学家
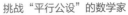

鲍耶·亚诺什（上）和俄罗斯的尼古拉·罗巴切夫斯基（右）在同一时期，为了反证平行公设，构建了非欧几里得几何学之一的"双曲几何"。

的公理和其他公设，推导出了新的几何学命题，使几何学实现了"从一无所有到另一个新世界"。

这个几何学理论被证明在具有负曲率的双曲面也能够成立，后来被称为"双曲几何学"。双曲面是指具有像马鞍一样的弯曲形状的二维空间。

不久后，亚诺什从高斯写给他父亲的信中得知，高斯也已经得到了同样的结果。极度沮丧而自暴自弃的他，不仅健康每况愈下，还感染了瘟疫，不得已从军队退役。高斯在给法尔科斯的信中写道："赞扬这个理论就是赞扬我自己……我认为你的儿子有

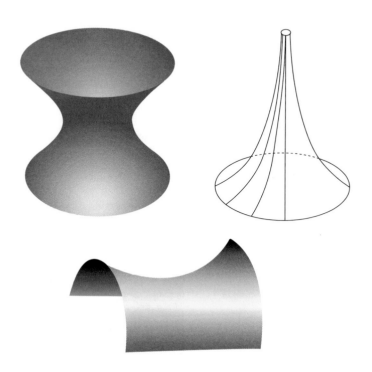

着第一流的天赋。"但这却让亚诺什非常沮丧。

同一时期，比亚诺什年长 10 岁的俄罗斯的尼古拉·罗巴切夫斯基也开始着手平行公设的研究。他在 1829 年发表了与亚诺什相似的双曲几何学理论。据说亚诺什直到近 20 年后的 1848 年才第一次知道罗巴切夫斯基的论文，并高度评价了其内容。

数学天才们为了否定平行公设做了许多尝试，但最终使这些尝试开花结果、成为"非欧几里得几何学"理论，就要说到伯恩哈德·黎曼这个人了。

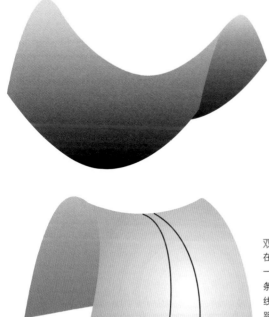

双曲面
在具有负曲率像马鞍一样的双曲面上画两条平行线，随着平行线的延长两者之间的距离逐渐变大。

45

黎曼几何学的诞生

1826 年出生于德国的黎曼是高斯晚年在哥廷根大学教书时带的学生之一。黎曼被高斯评价为拥有"光辉和丰富的独创性"的人。后来，他继任了高斯和狄利克雷⊖，成了哥廷根大学的数学教授。

1854 年黎曼在哥廷根大学为获得教授资格进行了题为《关于几何学基础的假说》的演讲，在演讲中阐述了黎曼几何学。当时演讲的重点并不是关于平行线的公设。

补充一下，黎曼的老师高斯不仅如前面所说，从平行公设推导出非欧几里得几何学，还进行了曲面的研究（曲面论），证明曲面就是二维的多样体。顺带一提，平面在英语中是 plane，曲面是 surface。

根据欧几里得几何学，要想构造曲面，就必须要具备长度、宽度和高度这三个量（坐标）。也就是说，在高斯那个年代，曲面是三维的。

但是，曾参加过当时德国开展的国土大规模测量计划、并在各地进行过地面勘测的高斯认为不能这样简单地去理解。他通过地测学，发明了将曲面投影成平面的方法，即将地球表面这种曲面转换成平坦的二维平面地图。

⊖ 彼得·古斯塔夫·狄利克雷（1805—1859）

出生于德国的数学家，23 岁就成为柏林大学教授。1855 年，作为高斯后任转至哥廷根大学，但 3 年后心脏病发作去世。他在数论中留下了算术级数定理、狄利克雷密度、偏微分方程的狄利克雷问题等大量功绩。作曲家门德尔松是狄利克雷夫人的哥哥。

伯恩哈德·黎曼

创立了"黎曼几何学"。在复变函数论和数论方面，黎曼猜想取得了划时代的成就，但他年仅 39 岁便殒殁。

接着，为了使曲面在不变形的情况下展开成平面，高斯找到了计算曲面弯曲程度（曲率）的方法。就地图制作方法来说，虽然已有墨卡托投影法和摩尔威德投影法等，但其存在着变形严重，以及地图上的面积和实际面积不成比例的问题。

不同于欧几里得的三维坐标那样只能从外部看曲面，高斯利用自己定义的曲率，在二维空间曲面的基础上，即便是信息不充

将地球表面（曲面）转换成平面地图

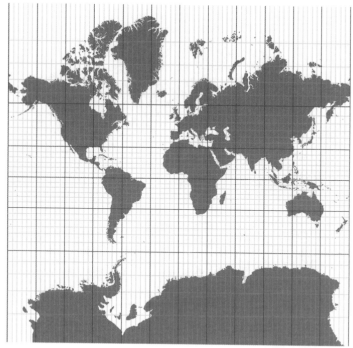

墨卡托投影法　经线和纬线正交，同一种线相互平行且间隔相等。纬度越高，相邻纬线之间的实际距离和形成的面积越大。

分也能实现对曲面性质的了解。

这就意味着，曲面所存在的三维空间无论在几何学上具有何种性质，无论是不是欧几里得正交空间，二维曲面的性质也不会发生变化。因此，高斯成功地证明了曲面不是三维物体而是"二维多样体"[⊖]。

黎曼将高斯创造出的曲面，即二维多样体的新处理方法延伸至多维多样体。这就是现在的"黎曼几何学"。这个几何学是一种新的非欧几里得几何学，使各种曲面和多维多样体的讨论成为可能。

关于平行公设，黎曼与亚诺什和罗巴切夫斯基不同，他关注的主要是球体表面那样的正曲率曲面。比如球体形状的地球仪，

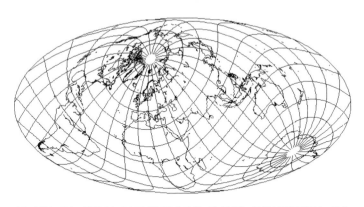

摩尔威德投影法　描绘出与水平赤道平行的纬线，纬度越高，纬线之间距离越小。另外，中央的经线虽然是垂直方向的，但越往外侧经线越往椭圆弧线趋势发展。

⊖　二维多样体
　　多样体是欧几里得空间或者拓扑空间内的几何结构，球面是曲面二维多样体的典型。

它上面纵向的两条直线⊖（经线）能与横向的赤道相交形成两个直角。

这两条经线如果参照欧几里得的平行公设，是绝对不会相交的，但在地球仪上，这两条经线能在北极点和南极点交汇。从这点来看平行公设是不正确的。基于曲面的平行公设应该是"过一点有无数条直线与已知直线平行"。

虽然黎曼为了获得教授资格准备的演讲资料被高斯大加赞赏，但黎曼没有将其作为论文发表。他在之后的 1858 年接替高斯和狄利克雷成了哥廷根大学的数学教授。

然而本就身体虚弱的黎曼在 1862 年患了胸膜炎，病情越来越重的他 1866 年在意大利旅行时，因肺结核病逝，年仅 39 岁。黎曼不在家期间，守着黎曼哥廷根住处的看家人想帮他整理散落在工作场所的研究笔记，但是黎曼拒绝发表未完成的研究，于是这些资料永久地遗失了。他的教授资格演讲也是在他去世一年后才印刷出版的。

黎曼将自己研究出的几何学形式应用到物理学中，计划进行将光、电、磁、引力统一的理论研究。众所周知，黎曼几何学与四维时空理论的爱因斯坦相对论息息相关，黎曼本人似乎在生前就预知到了这一可能性。

⊖ 曲面上的直线为空间中两点的局域最短路径。 ——编者注

二维世界的"正方形先生"

随着高斯、鲍耶·亚诺什、罗巴切夫斯基、黎曼等人的研究逐步发展成非欧几里得几何学,之前主要在平面上进行讨论的几何学被拓展至二维曲面,再延伸至多维。它还与爱因斯坦的相对论,乃至闵可夫斯基的四维数学紧密相连。

地球仪的经线

地球仪表面的两条经线在南北极交汇。

当然，就一般社会而言，数学和物理的发展并不为人所感兴趣，人们也不知道发生了什么。然而，黎曼几何学发展至四维数学时，二维世界却意外地引起了人们的注意力。

1880 年，一位名叫查尔斯·霍华德·辛顿⊖的数学家发表了题为《四维是什么？》的论文。同时身为科幻作家的他，向大众描绘自然科学和阐述数学研究方面的才能也非常出色。在这篇论文中，辛顿指出，要想让三维空间的住民理解四维空间，与让二维空间的住民理解三维空间一样困难。

在一维的章节中提到的英国人埃德温·艾勃特，也是因为注意到了辛顿在这篇论文中提到的构思，才以此为基础创作了关于住在平面上的二维生命体的小说《平面国》。

一维线只分大小（长度），二维的面却加入了"形状"这一属性。在这本堪称几何学和维度的经典之作中，主人公正方形先生被固定在一个平面上，正如他的名字一样，他的身体是正方形的。

但是作为平面上的二维人类的正方形先生，没办法看见普通人类的模样。就像你在纸上画画后裁剪下来，从侧面看只能看到纸一样厚度的线条一样，平面上的人类通过眼睛只能看到线条。在他们的世界里，地平线是直线，看普通人类和其他的物体也都是直线（本来就没有厚度的直线也理应看不见）。

⊖ 查尔斯·霍华德·辛顿（1853—1907）
将四维空间概念传遍世界的英国数学家和科幻作家。其著作《科学罗曼史》包含《第四维度》和《平面世界》等 9 篇论文，其中四维用立方体来表示，还创造了正八胞体（四维超正方体）等词语。他在 54 岁时因脑出血去世。

在平面国中居住的正方形先生看不见也没有见过二维物体，只能在脑海中凭空想象。他们的世界没有高度但有深度，因此能够知道形状的存在。但形状的意义和外观与能够从三维窥探到二维的我们人类完全不同。

《平面国》的封面

19 世纪艾勃特的小说，描写了二维世界的生命体。

测量二维世界

如果在二维空间里生活着像人类一样的智能生命体，他们能知道自己的世界是什么样子吗？

住在二维世界的人们，就像辛顿和艾勃特指出的那样，是看不到二维宇宙的全貌的。即使二维宇宙是曲面的，他们肯定也不知道自己所居住的空间是弯曲的。弯曲的二维空间上的直线，例如地球仪表面上所画的经线和纬线，对于居住在三维的欧几里得空间的人来说是曲线，但对于弯曲的二维空间的人来说，看起来应该是直线。

二维空间中的三角形内角之和

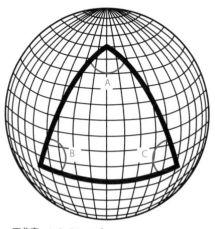

正曲率 A+B+C > 180°
两条平行线慢慢分开

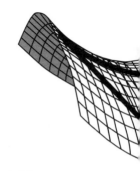

负曲率 A+B+C < 180°
两条平行线逐渐接近

然而，高斯注意到了前面所说的一点，二维空间可以从其内部探测空间的性质。作为非欧几里得几何学的创始人之一，精通地测学（三角测量）的高斯在研究面的性质时，想到了一种方法，就是从三角形的内角和入手。

我们都知道，三角形内角之和是 180°。在平面上，这个理论确实是正确的。

但高斯清楚这"只能在平面上成立"。在正曲率的曲面上画三角形，其角度之和大于 180°。相对地，对于像马鞍一样具有负曲率的曲面，三角形的内角之和就小于 180°。

从图中我们可以明显看出，三角形内角之和为 180° 是只在欧几里得几何学中成立的结论。也就是说，如果在二维空间进行

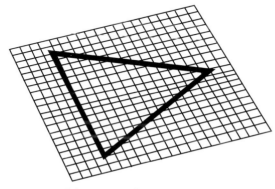

平面曲率 A+B+C=180°
两条平行线永不相交

三角形的角度的测量，生活在那里的人就可以知道自己所在的空间是平面的（曲率为零）还是曲面的。

高斯在进行大地测量工作时，测量了三个地点形成的三角形的角度，调查了我们所在的三维空间中，欧几里得几何学是否也绝对成立。关于这点，我们将在下一章节详细说明。

人类的眼睛只能看到二维

但是，就像前文中平面国的内容所说的，生活在二维世界的二维生物只能看到一维物体。将其延伸来说就是，作为三维生物的我们人类只能看到二维物体。

人的眼睛是将周围环境以二维平面的方式捕捉的。尽管如此，景色和存在其中的人或物之所以看起来是三维或立体的，是因为双眼之间有些许距离，且左右眼捕捉到的影像也不同。人类的大脑通过接收到的影像的偏差（不完全），将二维影像重组成三维影像——实际上是由于大脑的错觉将其认作了三维（近来流行的3D电影、3D电视不过是利用这个原理使大脑产生错觉，实际的影像并不是三维的）。

几何学中，我们很容易解决二维平面的问题。画在平面上的图形可以自由地旋转变形，要想绘制标准的图形也能轻易画出需要的辅助线。人类通过视觉和大脑的作用，能够通过二维平面图形想象出三维立体图形。

假设看到了一个三维图形（或者二维平面形成的曲面图形），我们肉眼看到的也只是图形的一部分。因此，要想把握全貌，就必须通过旋转或在平面上切割看截面等方法，在脑海中想象并重新组合出整体图像——因为人类没有办法直接看到三维图形。下一章将涉及我们日常生活中的三维空间的内容。

画图时的辅助线（示例）

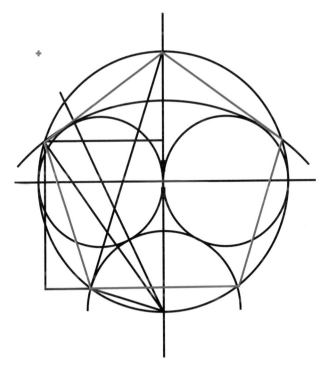

绘制正五边形的方法之一。正五边形（红线）以外的线是辅助线。

中子星上的二维生物

我们在前面提及了二维世界中的生物，也有一部科幻小说的主角是生活在中子星上的二维生物。作者就是罗伯特·福沃德博士，他是美国的物理学家、重力工程学专家，并以基于最新物理学创作的科幻小说而闻名。中子星生物登场于他的科幻作品《龙蛋》（*Dragon's Egg*）。

巨大的恒星演化到末期引发了超新星爆发，之后残留的直径只有 20 千米的天体就是中子星（更大的恒星经过超新星爆发之后会形成黑洞）。

然而，这个充满了中子的超高密度星球的质量却是太阳的一半左右，表面重力是地球的 700 亿倍，而且诞生后以每秒 1000 圈的高速度进行着自转（数千年之后自转速度降低为每秒 5 圈）。但据福沃德博士在书中所说，在如此严酷的环境中，中子星上也有可能存在生物。

中子星的表面一点也不像太阳，由铁原子核构成的结晶地壳在凝固状态下逐渐白热化。随着天体受冷收缩，地壳出现褶皱，在与惊人的引力抵抗的同时，地壳表面产生了"高数厘米"的小山状凸起。此外，只要长数十米、深 1 千米左右的地裂就能够撕裂坚硬的地表。

地裂中液体中子伴随着电子喷薄而出，铁蒸气云飘至"高 15 厘米"的平流层。再过一会儿，等天体具备了能孕育生命的生态学条件，生命才最终诞生。

如果中子星的生物具备智慧，那么其复杂性主要在于原子的数量——10^{25} 左右。它们就像是直径 5 毫米、高 0.5 毫米的扁平变形虫，是以二维形式存在的，其身体密度是水的 700 万倍。

构成中子星生物体内的分子的化学反应速度是我们人类的 100 万倍，

所以它们以人类的 100 万倍的速度生活、思考、繁殖并死亡。人的 1 年相当于它们的 100 万年，而 1 天相当于它们的 2500 年，因此这期间会有许多帝国不断兴亡更替。

罗伯特·福沃德

他是重力理论的研究者，长期担任休斯研究所的高级研究员，以创作《龙蛋》等科幻小说而闻名于世，2002 年因癌症去世。 　　　　　　（图片来源：矢泽洁）

恐怕在它们看来，我们人类的血液循环很差，动作和说话方式也很缓慢。人类说一句话，它们的一天就结束了——福沃德博士从物理学和生物学理论出发，对宇宙中可能存在的二维（严格来说不是二维）生物的形态进行了这样的推测。

中子星的生物

中子星的智慧生物在等同于地球几亿倍的强大重力下，拥有像变形虫一样扁平的身体吗？

（图片来源：安田尚树 /Yazawa Science Office）

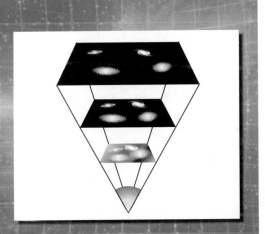

我们的日常世界是三维世界。但是，即使这个世界一看就是三维空间，对物理学家来说，这也不是一个简单的世界。空间中是否存在异物质，空间与物质是否本质上是同一种东西？在这里，我们将走进牛顿的绝对空间、宇宙空间，了解三维空间的非连续性。

空间和物质是同一种东西

移动一维的线就会形成二维的面，移动二维的面就会生成三维立体图形。在我们生存的这个世界上，一切实体——至少是由元素构成的东西——全部都是三维的，拥有容积或体积。而容纳这些实体的空间应该就是三维空间。

那么，三维空间是什么样的空间呢？人类自古以来就经常在

勒内·笛卡尔
被誉为"近代哲学之父"的法国哲学家、数学家、自然科学家。1637年出版了第一本哲学著作《方法论》。在自然科学领域发现了"惯性法则"和"动量守恒定律"。

仰望太阳、月亮、行星，以及遥远的彼方的星星时，不断自问这样的问题。

17 世纪法国哲学家勒内·笛卡尔认为空间是充满物质的，而没有物质的空间即"绝对空间"是不存在的。

按笛卡尔的说法，物质的本质就是"空间的广度"，而且空间和物质是相同的东西。不可能存在没有物质的空间，也就是真空。无比广阔的空间里充满了未知的微粒——以太。在宇宙中，以太形成了漩涡，推动着行星和恒星的运动。

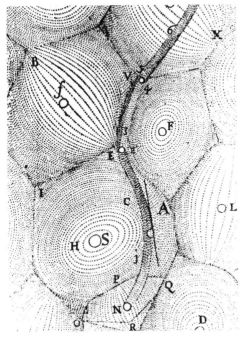

笛卡尔的宇宙
笛卡尔认为宇宙空间充满了以太，它在星星周围像漩涡一样旋转。图中的 S 代表太阳。

笛卡尔的这种想法多多少少继承了古希腊哲学家亚里士多德的宇宙空间概念。亚里士多德的观念是，存在于月球之上的"恒星天体"充满了透明的以太。而且天体的数量是有限的，天体的外侧什么也没有，也就不存在所谓空间。以亚里士多德为首的古希腊哲学家认为，物质和空间是不可分割的。

1647年，51岁的笛卡尔在年轻科学家帕斯卡⊖的家中停留了两天，两人围绕"没有物质的空间（真空）是否存在"这一问题进行了讨论。当时年仅24岁的帕斯卡，立场与笛卡尔不同。他是伽利略·伽利雷的学生，对意大利的托里拆利所做的真空实验⊖产生了兴趣，并在实验中加入了自己的想法，进行了更严密的补充实验，确定了真空的存在。

多姆山
人们根据帕斯卡的设想在此进行了大气压测量实验。

⊖ 布莱士·帕斯卡（1623—1662）
法国数学家、物理学家、哲学家，概率论的创始人。16岁提出了射影几何学的重要定理——帕斯卡定理。19岁发明机械计算器等，年少有为，但39岁便去世。

⊖ 托里拆利真空实验
1643年，意大利物理学家埃万杰利斯塔·托里拆利首次证明了真空的存在。他把装满水银的长管子的一端封闭，开放的另一端朝下插在装满水银的容器里，管子上部出现了真空。

但笛卡尔不同意帕斯卡的观点，并在写给朋友的信中讽刺说："他的脑子里似乎充满了真空。"

不顾笛卡尔的批判，帕斯卡于 1648 年委托姐夫在法国中南部的多姆山——海拔不到 1500 米的地方——进行了大气压测量实验。帕斯卡生来身体就很虚弱，常常卧病在床，所以无法亲自测量。

这个测量实验明确了一个事实：随着海拔的上升，大气压会下降。于是帕斯卡推测，在大气上方很远的地方一定存在真空。

当时的很多科学家们，包括笛卡尔，都认可了这些实验的结果，但不同意帕斯卡关于大气上方存在真空的说法。古希腊哲学

家们认为空间是物质的附属物，在 2000 年后的时代这个观点也几乎原封不动地被继承了下来。直到牛顿的出现——

牛顿的三维"绝对空间"

艾萨克·牛顿携巨大的变化一同出现了。

在 17 世纪，牛顿致力于解决化学、天文学、物理学等自然科学乃至数学方面的各种问题，创造了"牛顿力学"，在科学史上留下了不可磨灭的足迹。（不过在 50 岁左右因炼金术实验引发了汞中毒或者是来自研究和人际关系的压力，他的精神每况愈下最终退出研究生活。1699 年，他就任铸币厂厂长，直到去世都没有回归到自然科学研究中。）

牛顿仔细观察物体是如何运动的，从中推导出物体的普遍运动规律；并进一步考察了发生运动的原因，得出了结论：物体落到地面的原因在于地球的重力（万有引力）。

为了将运动规律表达成数学式，需要表示三维空间各点的坐标。于是，牛顿设想出了正交的长、宽、高 3 个轴——具有 3 个维度的坐标。可以看出，欧几里得几何学在这个空间中是始终成立的。

需要注意的是，牛顿将这个三维空间定义为"神赐予的宇宙"，任何地方都永远不会发生变化，也就是"绝对空间"。

"绝对空间本质上的存在与任何外在事物无关，且总是不变的。"——牛顿在其著作《自然哲学的数学原理》中如是记载。

艾萨克·牛顿

在伽利略·伽利雷去世那年（1642年）出生于英国的物理学家、哲学家、数学家。通过光谱、万有引力、微积分等发现拉开了近代科学的帷幕，成为史上最伟大的科学家之一。

但是，同时代的戈特弗里德·莱布尼茨⊖对牛顿所说的"没有物质的三维空间"进行了激烈的批判。他是与牛顿争夺微积分发现优先权的德国数学家（牛顿长年声称莱布尼茨窃取了自己的发现），并以提出单子论⊖而为人所知晓。

莱布尼茨在与牛顿的朋友英国数学家萨缪尔·克拉克的来往书信中，提出了"空间的存在只是人类脑海中的幻想而已"、"因为物质存在才首次了解到空间的存在意义"的主张，而"多个物

牛顿的"绝对空间"

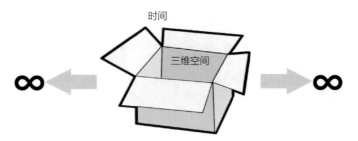

牛顿认为，三维空间是无论何时何地都不发生变化的独立存在，并且时间在任何地方都是同样流逝的。

⊖ 戈特弗里德·莱布尼茨（1646—1716）
德国哲学家、数学家。20岁时出版了《论组合术》，提出了关于数理逻辑的思想。他还是精通自然科学、社会科学和人文科学的外交官。1700年，他在柏林设立了一所科学院，并担任首任院长。1716年，莱布尼茨在汉诺威去世。

⊖ 单子论
在莱布尼茨哲学的基本概念中，单子（monade）来源于希腊语中的1（mono），是一个广义不具形式且无法分割的实体。众多单子集合构成了宇宙。其本质就是表象的作用，黑暗的单子代表物质性的东西，明亮的单子代表理性的精神和灵魂。单子本身是一个封闭的系统，但每个单子都反映着整个宇宙世界。另外，单子自身不会产生相互作用，但相互之间有对应关系，构成预定和谐（哲学用语，可以视为一种既定命运的存在）的基本。单子论的目的是为了克服机械论和目的论之间的相克关系。

体的排列存在就是空间"。然而，没有物质的绝对空间的存在是不合理的，因为没有物质就不可能区分空间的各个部分——莱布尼茨是这样认为的。

但是对于莱布尼茨，以及当时的许多哲学家和自然科学家来说，空间的概念是以哲学信念为基础的，谁也没法通过观测和实验来验证它。

但是牛顿非常重视理论的验证。为了展示三维空间是不受外在事物影响的不变且绝对的空间，1689 年，他做了著名的"水桶实验"。

水桶实验

牛顿通过这个实验定义了绝对空间和绝对时间。

首先用绳子把盛了一半水的水桶吊起。使水桶保持原位置缓缓旋转的话，绳子就会逐渐扭紧。当绳子扭到某种程度，按住水桶等待水平静下来。接着松开扭紧的绳子，水桶就会因为绳子松开的作用力而开始原地反向旋转。刚开始的时候，即使桶转动，水也保持相对静止，水面也很平坦。但没过多久，水也随着桶的转动开始旋转，且随着旋转速度的提高，水面中央逐渐凹陷，边缘隆起。

绳索在拧紧后暂且松开，虽然绳索会因为水桶旋转的惰性（惯性）而被反拧，但很快水桶的旋转就会停止。此时即使水桶停止转动，内部的水也会继续转动一段时间，边缘的水位也会继续上升。

从我们的日常生活经验来看，这个实验结果并不稀奇。然而，牛顿紧接着提出问题："为什么水的边缘会上升？"

很多人可能会回答："因为离心力，水被推到水桶壁的位置。"但是，被后世称为"物理学之父"的牛顿的回答并非如此简单。

若桶和水一起旋转，意味着水没有相对于水桶旋转。尽管如此，水的边缘部分还是变高了。换句话说，即使水桶和水不发生相对运动，由于水桶的旋转而产生的离心力也会对水产生作用。因此牛顿认为，水是在绝对空间中运动的，所以边缘才会上升。

然而，牛顿的这一看法在大约200年之后，被德国的恩斯特·马赫○加以批判："即使水桶静止并旋转整个宇宙，水桶里的水的边缘也会上升。"马赫没有引入绝对空间的概念，而是通

○　恩斯特·马赫（1838—1916）

马赫是物理学家、哲学家，也是科学史家，生于摩拉维亚（现属捷克）。他是理论实证主义的鼻祖，否定牛顿的绝对空间，提出了"马赫原理"。他用实验证明物体超过声速时会产生冲击波，所以物体的速度与声速的比值被称为"马赫数"。

过水和除水桶以外的物质之间的相对运动来解释水面的变化。

在马赫之后不久，牛顿的绝对空间观最终被爱因斯坦彻底否定（参见第 4 章）。

宇宙的三维空间是平坦的吗

伟大的物理学家牛顿也没有意识到的是，"欧几里得几何学在我们所居住的三维空间中成立"实际上只是一种假设。

然而在前面章节中出现的数学家卡尔·弗里德里希·高斯却意识到了这个问题。

早在 15 岁的时候，高斯就开始对欧几里得的平行公设抱有疑问，后来注意到了否定该公设的非欧几里得几何学的存在。

高斯从学生时代就开始对三角测量法⊖充满兴趣，并在 25 岁左右时第一次实地进行了三角测量。1818—1826 年间，他主导了汉诺威王国的大地测量工作。

这时，高斯开发出了反射太阳光的装置——日光回照器。这是一种利用镜面反射太阳光的装置，把它放在某测量点上，从其他测量点观测回照器反射的太阳光，就可以高精度地测出各个测量点之间的角度。

⊖ 三角测量法

　将相隔较远的各点连接成一个或多个三角形，用三角学求出各边长度的方法。首先测量基准线和一个三角形的 3 个内角，求出各边的长度，接着测量包括各边在内的新三角形的 3 个内角，以此类推。

日光回照器

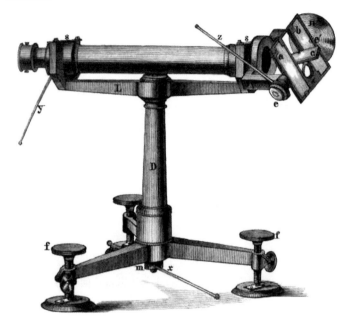

高斯开发的观测装置，通过镜面反射太阳光进行三角测量。

然而，此时的高斯并不想仅仅以测量地形为目的。他试图研究人类生存的三维空间是否平坦，即欧几里得几何学是否成立。因为种种测量经验的积累使他意识到，三维空间不一定是牛顿所设想的具有欧几里得正交坐标的空间。

高斯在德国中部的布罗肯山、英舍耳堡山和霍恩哈根山的山顶各设置一个点，测出了三点形成的三角形的内角。如果在这个测量中，三角形的内角和严格等于180°，那么在我们的世界或者宇宙所属的三维空间中，欧几里得几何学都是成立的，即空间是平坦的。

这一观点得到了证实。测量结果表明，各点之间的距离即三角形的边长为 69 千米、85 千米、109 千米，内角和为 180.1485° ——这个数字只比 180° 稍大一点，属于观测误差范围内。高斯因为发明了最小二乘法，也知道误差的存在。他的测量结果至少证明了地球表面的三维空间是平坦的。

宇宙大爆炸和平坦宇宙

随着天文观测技术的显著进步，宇宙的起源被深入挖掘研究，宇宙的三维空间的性质究竟是什么？要想探索这个问题，首先就必须要思考宇宙的三维空间是如何诞生的。

根据现有的宇宙论或宇宙模型，我们所处的这个宇宙并不是永恒存在的，而是在过去的某个时刻突然诞生。大部分宇宙学家都认可大爆炸理论，即宇宙始于约 138 亿年前的超高温高压的"火球"。

该理论始于 1917 年爱因斯坦的引力场方程。爱因斯坦在这个方程中加入了一点巧妙的方法⊖，推导出的解证明宇宙是一个"三维静止球"，没有边界但是是有限的（即静态宇宙）。

⊖ 宇宙常数项
爱因斯坦为了使宇宙"静止"（不膨胀也不收缩）而在引力场方程中添加的项。

　　与此相反，荷兰的威廉·德西特和俄罗斯的亚历山大·弗里
德曼通过相同的方程式推导出的解说明宇宙并非静态，而是"膨
胀"的。后来，比利时的乔治·勒梅特将此解进行了扩展，提出
宇宙始于超高能量的火球般的"一点"，即大爆炸的观点。

　　现在的大爆炸理论基本上沿袭了这种观点，认为宇宙空间是
伴随着宇宙诞生被创造出来的，它以爆炸性的方式扩散，现在仍
在继续膨胀着。

　　宇宙的膨胀意味着三维空间本身的扩张。星系之间的距离也

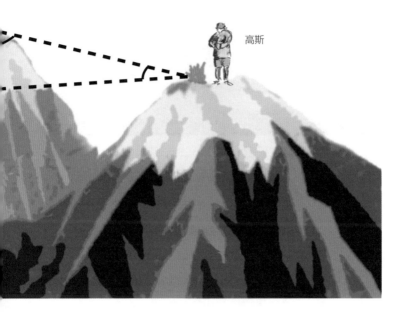

连接三个山顶的三角形内角之和精确到 180°，表明欧几里得几何学在地球表面成立。

（图片来源：E.B.Burger & M.Starbird，The Heart of Mathematics）

会由于空间本身的膨胀而扩大。20 世纪 20 年代，美国天文学家埃德温·哈勃发现，遥远的星系都在远离我们而去，这被认为是宇宙膨胀的证据。

在这种宇宙论中，空间并不是"一具空壳"，而是物质生成、毁灭的场所，是使物质存在成为可能的实际存在。空间存在着某种几何结构或形状，物质的密度决定了宇宙三维空间的弯曲程度（曲率）。

假如物质的密度低于某个"临界密度"，空间的曲率就为负；

大爆炸诞生的宇宙

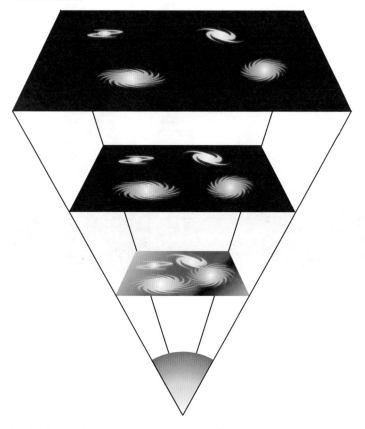

根据大爆炸理论，宇宙是由超高温、超高密度的"火球"膨胀而来的，且现在仍在膨胀着。

（图片来源：Papa November）

反之则曲率为正。只有在物质的密度达到临界密度时空间才是平坦的（曲率为零）。

如果宇宙三维空间的曲率不为零，即不属于欧几里得空间，那么我们该如何看待宇宙？如果是宇宙学家或数学家面对这个问题，他们一定会做出如下回答。

当三维空间的曲率为正时，在该空间中描绘的三角形内角之和大于 180°；并且在这样的空间中，截面是凸起的（二维）。

当宇宙三维空间的曲率整体是正的时候，整个宇宙不会暴露出来而是像球内容物一样被封闭在球体内侧。在这种情况下，如果宇宙小且曲率足够大的话，遥望远处应该就能看到正在遥望的自己的背影吧。

当然，要在这样的宇宙中绕一圈，即使是光速也需要几亿年、几十亿年的时间。所以照实际情况来说，我们是看不到自己后背的，只能观测到遥远过去的星系。但不管怎么说，这只是一个简单化的示意和漫画式的猜想。

三维空间的曲率和宇宙的形状

曲率为零
（平坦的宇宙）

曲率为正
（闭合的宇宙）

曲率为负
（开放的宇宙）

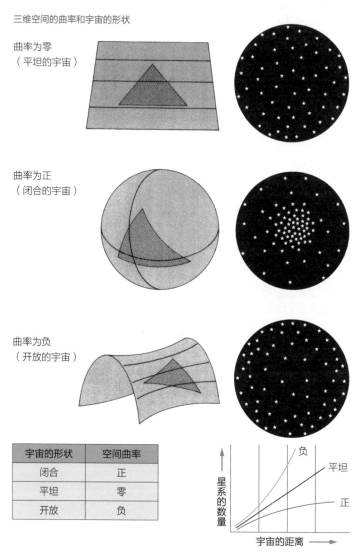

宇宙的形状	空间曲率
闭合	正
平坦	零
开放	负

根据物质密度的不同，宇宙会呈现出如图所示的三种形状中的一种，并且星系和恒星的
外观也会有所不同。 （图片来源：Yazawa Science Office）

宇宙是在平坦状态下膨胀的吗

曲率为负的情况是怎样的呢？曲率为负时，画在空间上的三角形内角之和小于 180°。并且如果切开三维空间，其截面为双曲面，就是像马鞍一样下凹的那种形状。

在那样的三维空间里生活的人们，可以观测一下来自某星系的光。如果三维空间是平坦的，那么远方星系发出的光就会和我们的视线方向平行。但在负曲率的空间中，即使是从同一点发出的光，到达左眼和右眼的路径也会稍有不同。因此，人们会觉得观测到的星系比实际距离更近。

那么，将这种宇宙空间几何学应用到我们的实际宇宙中去会怎么样呢？高斯表示存在于地球表面的三维空间是接近平坦的，那整个宇宙呢？

根据迄今为止的天文学观测，宇宙空间中存在微波背景辐射⊖，且在各个方向上几乎一模一样，这被认为是大爆炸的余辉，据此可推测出宇宙三维空间是平坦的。如果这个推测是正确的，宇宙将在未来永远保持平坦状态并继续膨胀。

⊖ （宇宙）微波背景辐射
1965 年，贝尔实验室的阿诺·彭齐亚斯和罗伯特·威尔逊检测出了来自整片天空的强度恒定的微波。这个微波辐射源的温度为 3K（准确地说是 2.7K），与宇宙大爆炸理论中预测的宇宙微波背景辐射的温度一致，因此被认为是证实宇宙大爆炸理论的证据。

三维空间不是连续的?

牛顿曾设想过"空间是均匀而连续的"。实际上,物理学理论就是以"空间是连续的"为前提构建的,因此不存在明显矛盾。

确实,我们能强烈感觉到空间是连续的。我们从未目睹过某一地点的人突然瞬移到另一地点的现象(科幻电影或超自然故事中倒是能经常看到)。

但是,关于我们居住的三维空间是连续的这一点,也没有确凿的证据来证实。并且近年来,对这个看法表示疑问的观点频发。如圈量子引力论⊖认为,三维空间并不像人们以往所认为的那样是无限且连续的。它拥有非常小的有限的单位,这些单位空间就像无数个圈一样连接成宇宙。也就是说,三维空间是有限且不连续的。当然这个理论并没有通过实验等得到验证。

19世纪的数学家亨利·庞加莱曾说过:"数学是由人类的思考构建而成的,但自然是独立于人的思考而存在的。"无论在数学上建立起来的物理理论看起来多么美妙且不可思议,但若是与实验或观测所显示的结果不符,它也不会成为事实。即便如此,在之后的章节中,我们也需要去看看从数学角度预测出的奇怪维度。

⊖ 圈量子引力论
把广义相对论和量子论进行统一的理论之一,将引力场类比为电磁场。现在很难进行验证。

专栏

三维宇宙和正多面体

　　柏拉图认为三维宇宙是"永恒不变的实际存在"，并将其实际存在称为"理型"。根据他的说法，理型体现在一个球体中，它是具有最高对称性的"完美实体"。

　　另外，他认为宇宙中的原子是三角形的，构成物质的4种元素——火、水、土、空气——都是由三角形组合而成。4种元素具有各自的几何形状：

5 种柏拉图立体

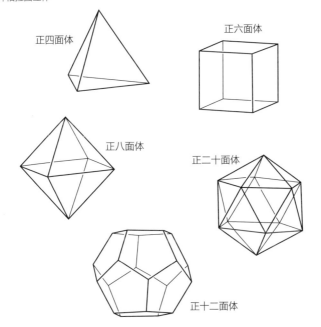

正四面体

正六面体

正八面体

正二十面体

正十二面体

火是正四面体，水是正二十面体，土是立方体（正六面体），空气是正八面体。而最接近球体的正十二面体代表着整个宇宙。

这些被称为"柏拉图立体"的正多面体仅由一种正多边形构成。二维形式的正多边形有无穷个，而三维形式的正多面体仅存在上述的 5 种。顺便一提，在四维及以上维度的空间中类似正多面体的图形被称为"正多胞形"。

与柏拉图一样，16 世纪的天文学家约翰内斯·开普勒也曾试图在三维宇宙中发现几何学。他考察了当时已为人知的太阳系 6 个行星中的轨道几何学法则，通过球体和 5 种正多面体的镶嵌组合成功模拟出了 6 个行星的轨道。后来开普勒发现一部分观测数据中存在错误，于是舍弃正多面体模型，改用新的椭圆轨道来构造三维宇宙模型。

开普勒的太阳系几何学模型

第 4 章 从三维空间到四维时空

对于我们人类来说,超越了三维空间的世界
是未知的领域。三维空间和四维时空有何不
同?时间如何才能成为空间所具有的属性之
一?让我们来研究一下爱因斯坦相对论和黎
曼几何学所预言的空间的奇妙性质吧。

数学家和物理学家眼中的"新维度"

　　我们可以在三维空间里解决日常生活中的所有问题。因此，给身边的三维世界创造额外的维度是没有意义的。这样的维度超出了人类实际经验的范围，甚至有点像灵异事件。

　　那么，到底是谁想了解三维之外的额外维度呢？

额外维度

超出我们所能理解的三维空间的"额外维度"是如何出现的？

（图片来源：Michael Carroll/Yazawa Science Office）

　　当然是那些数学家和热衷于研究物理与宇宙论的物理学家。这些人从 19 世纪末以来，不断追求能统一所有物理学"场"和"力"的世界公式（现在被称为"万有理论"或"终极理论"）。他们在研究的过程中，无法忽视这种维度的存在。

　　我们一听到四维就会毫不迟疑地想到爱因斯坦的狭义相对论和广义相对论中提到的时间维度。意思是，这个世界是三维空间加上一维时间形成的四维时空（又称"闵可夫斯基空间"）。

　　但是这是在 20 世纪初由于物理学的高速发展而衍生出的新的四维，与前面章节所说的几何学维度有很大不同。

　　在比闵可夫斯基和爱因斯坦早将近一个世纪的 1827 年，就有人提出了一般的四维，即欧几里得几何学中所说的第四维度的存在。他就是因发现"莫比乌斯带"而闻名的德国数学家奥古斯特·费迪南德·莫比乌斯。

　　莫比乌斯在看到三维物体投映在镜子上时，注意到如果将镜子中翻转过来的镜像进行旋转，就会出现第四维度。

　　接着在 1853 年，瑞士的几何学家路德维希·施莱夫利以三维以上的多维概念为基础撰写了论文，并寄给了维也纳学会杂志，但由于论文篇幅过长，被拒绝刊登。于是，施莱夫利寄给柏林的学会杂志，得到的答复是，篇幅压缩一下就能刊登。但是他拒绝这么做。

　　结果这篇论文在半个世纪之后的 1901 年才得以完整发表。而施莱夫利早在这之前几年就去世了，享年 81 岁。

　　这么一来，后世根本没多少人记得施莱夫利的名字。但在数学史上，他成为了发展高维空间概念的关键人物之一。

高维空间中的几何结构后来被称为多胞形（polytope），多胞形可以存在于任意维中，如多边形为二维多胞形，多面体为三维多胞形，多胞体即为四维多胞形。

奥古斯特·费迪南德·莫比乌斯

因发现"莫比乌斯带"而闻名的莫比乌斯一直以高斯为老师，他被认为是拓扑学的先驱，还留下了天文学著作。后来担任了莱比锡天文台台长。

路德维希·施莱夫利

与黎曼一样，是多维几何的奠基者之一。他的想法在数学和物理学领域被广泛采纳，但他的名字就连许多数学家也不太知晓。

四维多胞形

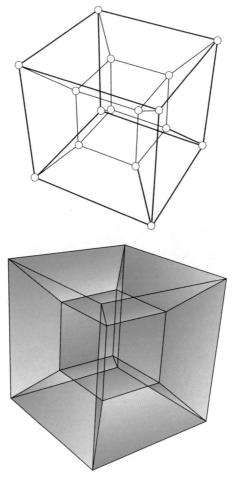

四维多胞形之一的"正八胞体",它由8个立方体构成。如图所示,各边和角看起来是扭曲的,但实际上所有边的长度都是相同的,角也都是直角。每个顶点聚集3个面,每条边连接3个立方体。

黎曼的"弯曲空间"登场

关于高维的早期研究，在施莱夫利的论文写成的第二年也就是 1854 年，19 世纪的代表人物德国数学家伯恩哈德·黎曼便为其打下了坚实的数学基础。

身为一个数学家，无论物体本身是几维，解决起来都应不在话下。正因如此，肩负着成为数学界伟大英雄使命的黎曼，将事物的数学理念从肉眼看得见的三维空间的桎梏中解放了出来。

当时年仅 20 多岁的贫困青年黎曼为了获得教授资格，进行了题为《论作为几何学基础的假设》的演讲。面对在场的众多数学家和物理学家，黎曼提出了"非欧几里得 n 维量"的概念，这对后来的物理学和宇宙理论产生了不可估量的巨大影响。

用黎曼的话来说，"非欧几里得"的意思是"并不是关于曲率为 0，即平坦空间的欧几里得几何学"。也就是说，黎曼几何学中，弯曲的空间也能得到处理。欧几里得几何学空间也包含在这个概念中，作为曲率为 0 的特殊空间存在。

在黎曼发表 n 维量的概念约半个世纪后，阿尔伯特·爱因斯坦在这个想法的基础上创立了成为 20 世纪物理学象征的"广义相对论"。

阿尔伯特·爱因斯坦

为近代科学带来变革的天才科学家，创立了狭义相对论和广义相对论，将引力理论公式化，为物理学引进新维度的第一人。

（图片来源：AIP/Yazawa Science Office）

数学家和物理学家的不同立场

对包括爱因斯坦在内的物理学家来说，很难理解 n 维量这一数学（几何学）概念。当然，物理学家平时也经常用到数学，没有数学就不可能有物理学。

利用数学，物理学家可以对现实世界建模，也就是通过建立数学模型，来简单明了地表现世界。建模的对象小到极其微小的粒子，大到整个宇宙世界，通过模型可以从理论上预测宇宙大概的起源和可能会发生的未来。

数学模型本身应该是不存在矛盾的完美模型。但这并不意味着数学模型总是正确的。数学模型也有可能没有切实描写和阐述现实世界。

因此，物理学家时常自问："我建立的数学模型背后隐藏的物理现实是怎样的？"对于他们来说，最重要的课题是，确认自己所构建的模型与现实世界一致，并进行验证实验。

比如物理学家在寻求引力和电磁力的"统一"（共通的法则）时，可能需要引入未知的新的维度。在这种情况下，如果数学家能够像变魔术一样自由操纵多个维度，那么这对物理学家来说是莫大的帮助。

实际上，数学家只要乐意，就可以随心所欲地处理各种维度的问题——10 维、100 维……甚至无限维度都可以。但是物理学家却不能这么做。因为如果想在旧的理论中引入新维度来描述新的宇宙现象，就必须在新维度中探索出物理意义。

"这种维度用肉眼能看见吗？如果不能，为什么？""这和我们至今为止所理解的事物有什么关系？""它对我们已经了解到的力和场，或者物质和能量有什么影响？"对于物理学家来说，这样的疑问会接踵而来。

甚至诸如"怎样才能证明或反证，超越已知维度的维度是存在的呢？"这样的问题也有必要进行解答。

空间和时间是"绝对"的吗

话题回到刚才关于弯曲空间问题的黎曼几何学，黎曼通过提出高维空间的新概念，将众多数学家领进了一个新世界，一个超越人类直观理解的三维视觉空间限度的世界。另外，爱因斯坦也通过提出相对论的概念，将其他物理学家引入了一个超越此前他们所了解的空间和时间界限的世界。爱因斯坦给物理学界带来了谁也不曾想出的新维度。

但爱因斯坦并不是该维度，也就是"时间"的创造者。时间本身从宇宙诞生开始就存在，并且天文学家和物理学家用天体的公转周期和钟表计时的技术手段等测定出了它流逝的速度。

另外，无论是科学家还是普通人，都没有必要被这种似乎令人耳目一新的维度所迷惑。在此之前的几个世纪，艾萨克·牛顿提出的"绝对空间"和"绝对时间"的观点已经根深蒂固。

正如上一章所说，牛顿在1687年出版的主要著作《自然哲学的数学原理》中写道：

"绝对空间在本质上与任何外在事物都无关,总是不变不动的。"

意思是说,空间在宇宙的任何地方都是一样的,不会因其外在或内在的物体或物理现象而发生变化。这里可以把空间比作普遍而又不变的"舞台",在舞台上出现的各个物体和事件,都扮演着各自固有的角色。

《自然哲学的数学原理》封面

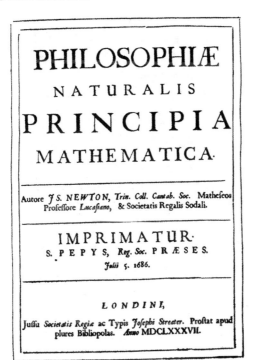

1686年,牛顿完成了经典力学(牛顿力学)的集大成之作——《自然哲学的数学原理》(*Philosophiæ Naturalis Principia Mathematica*),一般简称为《原理》。

时间也是如此。牛顿声称："绝对且真正的数学时间与外在事物无关，从任何观测者的角度看都是均匀流动的。"也就是说，时间在宇宙的任何地方，总是以同样的速度流逝着。

刚接触到牛顿的这个观点的读者们，或许想象着希腊神话中的时间之神柯罗诺斯坐在世界之巅，监管着各地的钟表是否以同样的速度滴滴答答计时的样子。

时间之神柯罗诺斯

拥有天使般翅膀的柯罗诺斯支配着流逝的时光。

然而，在约 220 年后的 1905 年，爱因斯坦结束了牛顿关于时间和空间的静态概念的时代。在总结狭义相对论的著名论文中，他发表了对空间和时间的新看法。

时间膨胀和长度收缩的宇宙

在爱因斯坦看来，时间已经不是以恒定的速度在前进了。运动着的观测者的时间比静止着的观测者的时间流逝得慢。这时物体的长度也会发生变化。从观测者的角度来看，高速运动的物体会向运动方向收缩。

这些现象被称为"时间膨胀"和"长度收缩"，但我们在日常生活中很难看到。这是超高速运动，而且是只有在接近 30 万千米 / 秒的光速这种惊人的速度（亚光速）时才会发生的现象。

20 世纪的科幻作家们喜欢在自己的作品中加入这种有趣的时间膨胀现象。宇航员乘坐以亚光速飞行的宇宙飞船从地球出发后，就会发生时间膨胀。经过 10 年或 20 年，完成任务返回地球的宇航员却没有怎么变老，而留在地球上的家人和朋友则衰老了许多，再次相见时他们一定会被彼此的模样所惊到。

宇宙飞船的速度越接近光速，时间就会越慢。当你经过一年的太空旅行返回地球时，你可能会发现地球上已经过了几十年。

闵可夫斯基和爱因斯坦的"时空"概念

　　1864年出生于俄罗斯、后来移居到德国的犹太裔数学家赫尔曼·闵可夫斯基在某一时期曾是爱因斯坦的老师。他还是世界上第一个对爱因斯坦的"时空"概念进行再定义的科学家。

　　闵可夫斯基苦心创造了"闵可夫斯基时空"这一四维空间。1908年，他针对爱因斯坦在三年前提出的狭义相对论进行了著名的演讲，并在演讲中发表了自己的成果。在演讲的最后，闵可夫斯基用略带诗意的语言说道："今后，空间或时间本身的概念将会隐没入阴影之中，只有将这两者结合起来才能保持其独立性。"

　　爱因斯坦在瑞士专利局工作期间，对空间和时间产生了新的看法。当时的爱因斯坦既没有博士学位，也没有教职，更没有科学功绩，但他是一个极具生产性和创造性的人。

向运动方向收缩的物体

随着物体的运动速度接近光速，手持钟表的时间变慢，身高变矮，体重（质量）增大。

（图片来源：Yazawa Science Office）

不会老的宇航员

以亚光速在宇宙中旅行的宇航员几乎没有变老，而他地球上的家人都老了。

（图片来源：木原康彦/
Yazawa Science Office）

1905 年，爱因斯坦连续发表了 4 篇具有独创性的论文，在物理学的 4 个不同领域中取得了历史性成就，其中一篇的内容就是狭义相对论。这一年被后人称为"爱因斯坦奇迹年"。

就这样成为教授后的爱因斯坦在接下来的 10 年里，一直致力于广义相对论的研究，并将焦点转移到了引力和时空之间相互作用的问题上。

赫尔曼 · 闵可夫斯基

闵可夫斯基因获得法国科学院悬赏（1882年）的大奖而开始从事数学研究，在数论等方面留下了出色的功绩。1909年，他因急性阑尾炎去世，年仅45岁。

闵可夫斯基时空

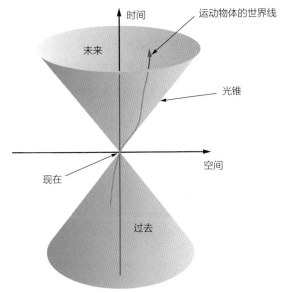

闵可夫斯基认为时空是一个基于光速的"光锥"。分别表示过去和未来的光锥相接的部分就是现在。这里使用了几何学来论述相对论，成为推动相对论广泛传播的巨大动力。

在时空中前进的物体

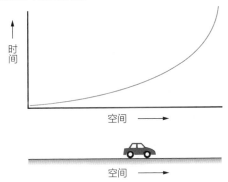

匀速行驶的车在空间和时空中都是直线运动。减速行驶的车在空间中也是直线运动，但在时空中是曲线运动。

（图片来源：Lee Smolin，The Trouble with Physics，2007）

在爱因斯坦出现之前，这个由牛顿定义的世界有两种属性同时存在：一种是存在于空间中的事物，一种是空间本身。爱因斯坦在关于时空的早期描述中对这种看法不置可否。

但后来，牛顿对时间和空间的静态看法被取代，时空被视为是动态的。虽然它仍旧是一个事情发生的场所，但广义相对论的出现改变了人们原有的看法。

26 岁的爱因斯坦

（图片来源：NASA/GSFC）

狭义相对论的论文

3. Zur Elektrodynamik bewegter Körper; von A. Einstein.

Daß die Elektrodynamik Maxwells — wie dieselbe gegenwärtig aufgefaßt zu werden pflegt — in ihrer Anwendung auf bewegte Körper zu Asymmetrien führt, welche den Phänomenen nicht anzuhaften scheinen, ist bekannt. Man denke z. B. an die elektrodynamische Wechselwirkung zwischen einem Magneten und einem Leiter. Das beobachtbare Phänomen hängt hier nur ab von der Relativbewegung von Leiter und Magnet, während nach der üblichen Auffassung die beiden Fälle, daß der eine oder der andere dieser Körper der bewegte sei, streng voneinander zu trennen sind. Bewegt sich nämlich der Magnet und ruht der Leiter, so entsteht in der Umgebung des Magneten ein elektrisches Feld von gewissem Energiewerte, welches an den Orten, wo sich Teile des Leiters befinden, einen Strom erzeugt. Ruht aber der Magnet und bewegt sich der Leiter, so entsteht in der Umgebung des Magneten kein elektrisches Feld, dagegen im Leiter eine elektromotorische Kraft, welcher an sich keine Energie entspricht, die aber — Gleichheit der Relativbewegung bei den beiden ins Auge gefaßten Fällen vorausgesetzt — zu elektrischen Strömen von derselben Größe und demselben Verlaufe Veranlassung gibt, wie im ersten Falle die elektrischen Kräfte.

Beispiele ähnlicher Art, sowie die mißlungenen Versuche, eine Bewegung der Erde relativ zum „Lichtmedium" zu konstatieren, führen zu der Vermutung, daß dem Begriffe der absoluten Ruhe nicht nur in der Mechanik, sondern auch in der Elektrodynamik keine Eigenschaften der Erscheinungen entsprechen, sondern daß vielmehr für alle Koordinatensysteme, für welche die mechanischen Gleichungen gelten, auch die gleichen elektrodynamischen und optischen Gesetze gelten, wie dies für die Größen erster Ordnung bereits erwiesen ist. Wir wollen diese Vermutung (deren Inhalt im folgenden „Prinzip der Relativität" genannt werden wird) zur Voraussetzung erheben und außerdem die mit ihm nur scheinbar unverträgliche

爱因斯坦在1905年担任专利局职员时发表了4篇论文，其中一篇内容就是成为广义相对论基础的狭义相对论（《论运动物体的电动力学》）。

（资料来源：A.Einstein，Annalen der Physik，1905，vol. 17: 891-921）

名为额外维度的"魔法杖"

在此之前，引力被认为是作为时空中的力场发挥作用的，但爱因斯坦却提出，是引力改变了空间的形状。因为物质的存在，时空的几何结构才发生了变化。

所以空间不再是单调而平坦的，而是因为物质而弯曲变形。从另一方面看，空间的形状决定了时空中物质的运动。

让我们以剧场的舞台为例来说明这个问题。牛顿的舞台可以说是用坚硬的木头做成的平面地板。在这个舞台上，无论演员跳

牛顿的绝对空间

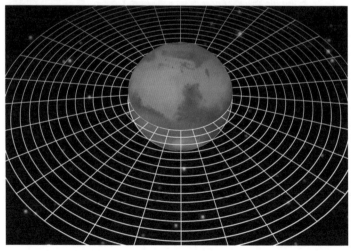

17世纪牛顿所描绘的宇宙空间是均匀且不变不动的（绝对空间），时间也是均匀流动的（绝对时间）。

舞跳得多么激烈，到处走动，舞台也不会损坏。在任何一个演员看来，地板看起来都不变，实际上也确实是不变的。而且演员的身高和体重的差异也不会对舞台产生影响。地板始终是作为一个绝对实体的舞台。

接着想象一下爱因斯坦的舞台。它的地板不像牛顿舞台的地板那样坚硬，而是有弹性的。没有演员的时候舞台是平坦的，演员站上舞台的时候地板就会下沉。地板受演员体重影响下凹成圆锥状。其他演员站上去时也会导致地板凹陷，但凹陷的深度和大小不一样，它是根据演员的体重（质量）而变化的。而且这个地板会随着演员的移动而变形，凹陷的位置也会随之改变。因此演

爱因斯坦的弯曲时空

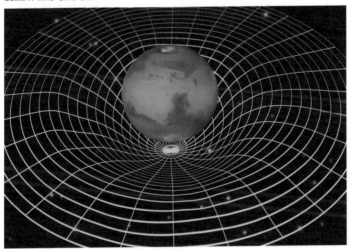

爱因斯坦推翻了之前人们对时间和空间的看法，认为空间会因物质和能量而发生变形，并且时间会根据观测者的不同而以不同的速度流逝。　　　　　（资料来源：NASA）

员无法轻易地走直线或跳跃，舞台上的移动变得很困难。

根据闵可夫斯基的想法，这个舞台就是把之前的黎曼非欧几里得空间转换成了四维时空，就是弯曲的空间本身。在这里，空间和时间被统一在一个框架内。

由 3 个空间维度和 1 个时间维度构成的闵可夫斯基时空与牛顿所说的时空概念哪里不同？——与其说哪里不同，不如说是两个完全不同的东西。因为就如前面所说，在牛顿的世界里，空间和时间是严格区分的，是相互独立的关系。

时空的概念并不单单代表了看待宇宙的新方式——就像爱因斯坦由此推导出相对论那样。通过时间维度的引入以及空间和时间结合生成的新空间，物理学家可以简化许多之前的物理学理论。

加上一个新维度，即额外维度，在低维度中难以解决的问题往往会得到解决，如时空的情况。这么看来，额外维度就仿佛一根"魔法杖"一样。

美国日裔物理学家、纽约市立大学教授加来道雄，在他的著作《平行宇宙》(*Parallel Worlds*) 中写道，"许多理论物理学家坚信，加入新的维度就能够简化自然法则。"看来之后我们必须要看看，在时空问题之外，能否通过加入新的维度来真正简化自然法则。

向着遥远的"终极理论"前进

理论物理学家和宇宙学家最终的目标是，将场、力以及物质统一在一个理论框架中。

爱因斯坦在他人生后 30 年里，为了实现这个目标，也就是统一场理论，费了不少心血。但大部分的努力几乎都没有得到任何成果，最终不了了之。

在他去世 20 年后的 20 世纪 70 年代后期，粒子物理学家们为了达成这个目标，提出了几种不同形式的理论，统称为"大统一理论"。这些理论利用了"对称性"和"超对称性"的概念，统一了电磁力、弱力以及强力。

但是这种统一只在极高的能量状态（约 10^{24} 电子伏特⊖）下才能达成。一般创造高能量状态时，需要使用粒子加速器使电子和质子等粒子以极快的速度加速冲撞，但根本不存在能产生这种超高能的粒子加速器。

目前，世界各国有各种各样的粒子加速器，其中最大的要数欧洲核子研究组织的大型强子对撞机（LHC），它能让质子之间以 6.5 太电子伏特（1 太 $=10^{12}$）的能量相撞。但即便如此，这个能量也不到验证大统一理论是否正确所需能量的 10 亿分之一。

唯一的希望只能是通过间接的观测——比如通过观测来确认质子衰变的现象。但是到目前为止，为观测出这些现象所作出的所有尝试都付诸东流。事实上，质子的理论半衰期（约 10^{33} 年，即 10 亿亿亿亿年）比现在的宇宙年龄（约 140 亿年）还要长得多，可以说质子是永不衰变的存在。

⊖ 电子伏特（eV）
能量单位，代表一个电子在真空中通过 1 伏特电位差所产生的动能。
$1eV=1.602 \times 10^{-19}$ J。

大统一理论

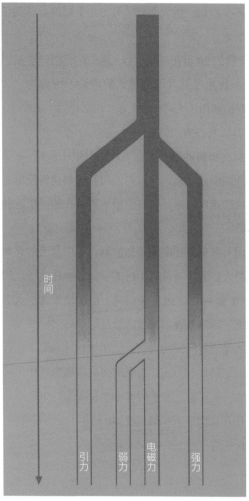

时间

引力　弱力　电磁力　强力

4 种基本相互作用力

电磁力：在带正电荷或负电荷的物质粒子之间产生的吸引或排斥作用的力。

强力：在原子核内部作用的力。把夸克和胶子结合在一起形成质子和中子。

弱力：粒子释放出电子，变成另一种粒子，这个过程就叫作 β 衰变。弱力支配着 β 衰变。

引力：具有质量的物体之间相互吸引的力。

理论物理学家现在以大统一理论为目标，但额外的维度对之后的终极理论是必不可少的。

（图片来源：Yazawa Science Office）

但尽管如此，物理学家们的野心并不会止于大统一理论。真正的终极目标是，有一天能将大统一理论所具有的 3 种相互作用力（电磁力、弱力、强力）进一步与引力相统一。我们尝试且追求的这种将 4 种力全部统一起来的理论就叫作终极理论（或万有理论）。

在之后的章节中我们也会说到，在这样的挑战中，一些理论逐渐成为我们理解终极理论的跳板，其中之一就是"弦理论"。

光线在引力场中会发生弯曲

我们盼望着理论的统一，尝试朝着将各种物理现象结合而成的理论体系一步一步前进。

回顾其过程，首先是 19 世纪英国物理学家麦克斯韦将电、磁、光的理论统一成一个理论，即电磁学。接着，如前面所述，爱因斯坦在狭义相对论中统一了空间和时间，从而诞生了四维时空的概念。

爱因斯坦的下一个目标是统一加速度和重力。他后来坦言道，这个目标始于他某天想到"当人从屋顶滚落下来会有什么感觉"。当时他的答案是"人会有失去重力的感觉"。这跟上升的电梯停止的一瞬间内部的人会有失重的感觉同理（话虽如此，由于科技的进步现在的电梯运行很顺畅，你可能不会体验到这种感觉）。

爱因斯坦把当时的见解描述为"一生中最棒的想法"。此后他推导出了所谓的"等效原理"。

詹姆斯·麦克斯韦

英国物理学家。他以迈克尔·法拉第的电场概念为基础，创建了电磁场方程式和电磁学理论，在理论上预测了电磁波的存在。他还推导出了气体分子的速度分布和气体的平均自由程。

（图片来源：AIP/Yazawa Science Office）

　　根据这个等效原理，物体做加速运动时产生的效果和引力的效果应该是相同的。爱因斯坦用另一种说法表达了这一点："如果你和你周围的一切事物都做自由落体运动的话，你就不会感觉到重力了。"

　　等效原理导致了一系列与以往的物理学理解相违背的结论出现。譬如，从地球上的观测者的视角来看，来自遥远天体的光线

等效原理

在电梯里能体验到失重的感觉是因为重力和加速度产生了相同的效果。爱因斯坦从"等效原理"推导出了"时空的扭曲"。

（图片来源：Yazawa Science Office）

并不是笔直的——通过星系或恒星引力场的光线会发生弯曲。

爱因斯坦在 1911 年就对这种现象进行了预言。8 年后，英国天文学家亚瑟·爱丁顿做了一个实验来验证这个预言的真假。

为了观测 1919 年 5 月 29 日的日全食，爱丁顿远征至非洲西海岸。在隐藏于月亮后面的太阳的边缘位置，他观测到了太阳后面的恒星发出的光，而该恒星从地球上是无法直接看到的。这表明，星光在穿过太阳的引力场时，在前进方向上发生了弯曲。

爱丁顿的这一观测证实了等效原理是正确的。不仅如此，这一观测结果也为广义相对论提供了确凿的证据。

亚瑟·爱丁顿

爱丁顿（右三）为验证广义相对论，率领日食观测队前往西非几内亚湾普林西比岛。

（图片来源：AIP/Yazawa Science Office）

爱丁顿的实验

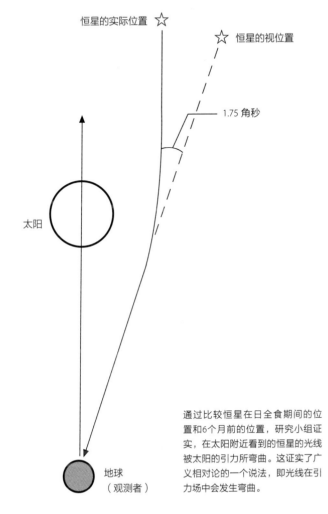

恒星的实际位置

恒星的视位置

1.75 角秒

太阳

地球
（观测者）

通过比较恒星在日全食期间的位置和6个月前的位置，研究小组证实，在太阳附近看到的恒星的光线被太阳的引力所弯曲。这证实了广义相对论的一个说法，即光线在引力场中会发生弯曲。

黎曼的 n 维几何学

如本章中所看到的，德国数学家格奥尔格·伯恩哈德·黎曼在 1854 年所做的演讲成为了数学史上极其重要的里程碑。既而，2000 年间支配数学界的"欧几里得几何学"被推翻，并引发了"数学革命"。

在欧几里得几何学中，图形是二维或三维的，存在于"直线"或线性空间内。而在黎曼空间中，"弯曲空间"和多维空间都是可处理的。

黎曼的演讲过去 30 年后，黎曼空间燃起了"神秘的四维"的想法。又过了 30 年后，爱因斯坦创造了"四维时空"的概念。最近，弦理论的研究人员在统一所有物理学和宇宙法则的尝试中，将黎曼的"度量张量"（又称黎曼度量、度规张量）发展成了"超级度量张量"。

黎曼论文的精髓来自著名的毕达哥拉斯定理（即勾股定理）中的单纯几何概念。该定理显示了直角三角形三边的关系：将直角三角形较短的两条边分别平方再相加，就等于最长边（斜边）的平方。

这个公式可以轻松地推广到三维空间。在立方体中，各边的平方之和等于对角线的平方（$a^2+b^2+c^2=d^2$）。显然，这可以轻易拓展至 n 维的"超立体"图形。黎曼还发现，任何 n 维空间都可以保持平坦或弯曲。

黎曼的目的是推导出"关于各个维度的通用描述"，无论这个描述多么复杂。

为此，他借鉴了英国物理学家迈克尔·法拉第的电磁场概念。有了电磁场，空间中的任何一个点都可以被赋予一系列数字来表示该点的电磁力。

于是，黎曼引入了一组表示空间内任意点的数字，并根据这组数字，试图想出一种方法来描述空间有多弯曲（即曲率）。在二维空间，每个点需要 3 个数字来表示。黎曼又发现如果在四维空间中，每个点用 10 个数字，就可以准确地描述出空间的曲率。

今天这种数字的集合被称为"度量张量"。在以超对称性为基础的"超引力理论"中，这个简单的张量进化成了超级度量张量，它不是只由 10 个，而是由数百个元素组成。

立方体的各边长度

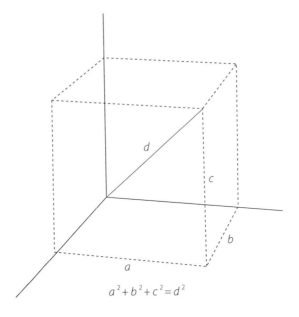

$$a^2 + b^2 + c^2 = d^2$$

立方体各边的长度关系由毕达哥拉斯定理三维版给出。这个方程式可以轻易将 n 维超立方体的边长关系公式化。我们虽然看不见高维物体，但通过这个定理可以将 n 维方便地用数学方法表示出来。

度量张量

$$
\begin{pmatrix}
g_{11} & g_{12} & g_{13} & g_{14} \\
g_{21} & g_{22} & g_{23} & g_{24} \\
g_{31} & g_{32} & g_{33} & g_{34} \\
g_{41} & g_{42} & g_{43} & g_{44}
\end{pmatrix}
$$

度量张量包含了用数学方式描述 n 维弯曲空间的所有信息。在四维空间中，每个点用 16 个数字来表示，但实际上其中 6 个是重复的，因此只需要 10 个数字来描述。

专栏 2

两个相对论

爱因斯坦发表过两个相对论：一个是由几篇德语论文组成的狭义相对论（1905 年），另一个是 10 年后由同样用德语写成的几篇论文组成的广义相对论（1915、1916 年）。

这两个相对论究竟要描述自然界的什么现象呢？

首先，狭义相对论采用了以下两种基本假设。

假设 1：物理定律在一切惯性参考系中都具有相同的形式

假设 2：在所有惯性参考系中，真空中的光速是恒定的其中假设 1 纯粹是基于逻辑思考得出的原理（狭义相对论原理），假设 2（光速不变原理）是从麦克斯韦方程组中推导出来的。

爱因斯坦认为，如果这两个假设都是正确的，那么时间和空间就不是绝对的，而是取决于观测者的相对性存在。从这里可以得出三个结论，即以接近光速的速度前进的物体①时间会膨胀；②长度会收缩；③质量会增大。

将狭义相对论扩展到引力和加速度作用的实际性领域就是广义相对论。广义相对论也是建立在两个假设上的。

假设 1：物理定律在一切参考系中都具有相同的形式

假设 2：引力质量与惯性质量相等

前者是以逻辑为基础的原理（广义相对论原理），后者（等效原理）基于伽利略的实验——在斜面上滚下重量不同、大小相同的几个球，发现它们同时到达斜面底部。

爱因斯坦从这些假设推导出以下结论及预言：①有质量的物体周围的空间是弯曲的，也就是说"光线在引力场中会发生弯曲"；②在引力场中，时间会发生延迟；③引力波的存在。

现在，狭义相对论和广义相对论已经成为高度成功的模型，得到许多实验的验证。但即便如此，仍然有证据显示这些理论并不完备。2015年 9 月 14 日第一次直接观测到引力波之后，后续的竞赛与发展应用也正在持续中，科学家希望借此能够在比至今能达到的强得多的引力场中创造更多检验广义相对论正确性的机会。

专栏 3

时间维度和空间维度有什么区别

时间经常被称为"第四维度"。但这并不意味着时间是继一维、二维、三维空间维度之后的第四维度，它只是作为衡量物理性质变化程度的参数的一种维度。

我们不能在空间的维度中超越时间维度放飞自我，只能从过去通往未来这样单向移动，而且与我们的意志无关。这种属于特别维度的时间有且只存在一个。

但是，当想要用数学公式来表达这样的现实世界时，经典物理学（牛顿力学）中的时间却并不像我们平时所感觉到的那样，只有从过去流向未来这一个方向。因为在经典物理学中，时间具有"对称性"，无论将时间 t 设为正值（未来）还是负值（过去），公式都不会产生矛盾。由此，事物既可以返回过去，也可以走向未来。

这在量子力学中也基本相同。时间走向过去还是走向未来都是不确定的。决定时间流逝方向的理论只有一个，即热力学第二定律。

这个定律预言"熵会增大"。熵是指物质和热发散后到处变得均匀的一种状态，是一种不加人工操作、自然产生的变化。这说明事物只能前进无法回头，也就回不到过去，那么就表明时间前后是"不对称的"。但不管是哪一种理论，从人类的感知来看，都难以令人信服。

到目前为止，把时间维度以最具体的形式建立成理论的当属庞加莱和爱因斯坦的狭义相对论，以及由其扩展而成的广义相对论。相对论把我们在生理上能感知到的三维空间和一维时间，都描述进了四维时空的构成要素中。

第 5 章

初露头角的五维空间

之前从未被描述过的五维世界的概念是由德
国的卡鲁扎和瑞典的克莱因创造的，他们曾
试图将物理学最重要领域之一的电磁学与相
对论相结合。但这一野心勃勃的尝试，为人
类对空间的理解增添了新的谜团和争议。

初次提及"五维"

20世纪20年代初，爱因斯坦为物理学理论的进一步统一奠定了基础，自此人们期待新维度和多维空间能发挥更大的作用。

如前面所说，绝对空间和绝对时间构成了牛顿的静态世界，与之相反，爱因斯坦认为世界是动态的。这也表明，空间不再是

烦恼的爱因斯坦

属于欧几里得几何学的线性空间。现在我们已经理解了伴随着引力场的时空几何，但是这个时空并不是存在于静态且不变的场内部的，而是由相互动态作用的场集合而成。

在短时间内取得巨大成功的爱因斯坦，他的世界观给各种物理理论的进一步统一带来了希望与期待。下一个目标也逐渐明朗——电磁力与引力的统一。这意味着一个理论的诞生，该理论将引力的几何化（广义相对论）和电磁力的几何化理论结合在一起，形成统一场。

然而，这一工作显然困难得多。爱因斯坦在 1915 年写的一封信中这样感叹："为了在引力和电磁力之间架起一座桥梁，我一直很伤脑筋。"

其他的优秀物理学家和数学家也在研究这个问题，如当时在瑞士苏黎世联邦理工学院任教的德国数学家赫尔曼·外尔。借用因最新的圈量子引力研究而闻名的美国物理学家李·施莫林的说法，外尔的想法背后有着"美妙的数学思想"，这个想法后来成为粒子物理学"标准模型"的核心。

但是在爱因斯坦和外尔的时代，即使能得出令人瞠目结舌的理论结论，也无法通过实验来进行验证，因此他们的尝试都以失败告终。爱因斯坦在写给外尔的信中记录了他当时的感受——"无论能否与现实相协调，这都是思考带来的伟大成果。"

在外尔的"思考成果"中，有一些成果未能与现实相协调而被人所遗忘，但至少其中一些后来以不同的形式重新出现。这些发现中出现了一个新的"量"。那就是增加一个新的空间维度，使维度达到五维。

赫尔曼·外尔（左）

继承了大数学家希尔伯特衣钵的德国数学家、哲学家，他创造出了能够从数学
角度解释爱因斯坦相对论的规范场论，并试图通过该理论完成广义相对论和电
磁学的统一，是现代统一场论研究的先驱。他还是普林斯顿高等研究院的早期
主要成员。

最早进行这一实验的是芬兰理论物理学家贡纳尔·努德斯特伦。1914 年，努德斯特伦将描述电磁力的方程式放入了五维框架内。然后，仿佛奇迹一般，引力的问题被解决了。通过增加新的空间维度，引力和电磁力得以统一。

直到今天，这一发现仍是许多统一场论的核心。当时努德斯特伦导入的五维理论虽然作为数学技巧被保留了下来，但他自己却立刻注意到其中有一个重大错误。这个错误便是，他把引力当作了没有方向的标量，而不是具有方向和大小的矢量。这样一来，关于引力的描述就不准确了。

贡纳尔·努德斯特伦
最先尝试在统一场论中
引入额外维度的芬兰理
论物理学家。

努德斯特伦现在几乎被遗忘了。唯一能被提及的成就是，他的理论成为另一个利用额外维度的统一场论的先驱。在努德斯特伦放弃自己的理论10年后，另一个统一场论被提出，这就是之后广为流传的"卡鲁扎–克莱因理论"。

预测空间的"涟漪"——卡鲁扎-克莱因理论

努德斯特伦的思想在几年后被当时没什么名气的德国数学家西奥多·卡鲁扎重拾。1885年出生的卡鲁扎才华横溢，是一位特别多才多艺的科学家。

他不仅在著名的柯尼斯堡大学进修数学、物理学、天文学，还精通化学、生物学、法学、哲学和文学。另外，他还会说和写17种语言，尤其喜欢阿拉伯语。他将科学的严谨性完全融入了日常生活，例如30多岁的时候他在书中读到了游泳的方法，结果第一次下水就会游泳了。

卡鲁扎在1919年撰写的一篇短论文中提议，将麦克斯韦和爱因斯坦的两个伟大的场理论在五维空间中进行结合。他的理论还暗示引力和电磁力都与空间结构中的"涟漪"有关。他指出引力是通过普通的三维空间中的涟漪来进行传递的，而电磁力是通过新的五维涟漪来进行传递的。

卡鲁扎就自己的论文给爱因斯坦写了信，爱因斯坦在回信中劝说卡鲁扎将其发表。就这样，这篇德语论文在1921年发表了。

在论文中，卡鲁扎就像努德斯特伦一样，就某种数学技巧展开了讨论。他把爱因斯坦引力场方程（由 10 个方程组成的方程组）写成了五维方程式，而不是我们通常的四维。

卡鲁扎在他的方程式中采用了黎曼度量，以测量空间的曲率。这可以使任何的维度（包括五维）公式化，也可以应用于因物质和能量而发生扭曲的引力场。

西奥多・卡鲁扎

德国数学家、物理学家，提出了包含爱因斯坦引力场和麦克斯韦电磁场的五维方程式。

（图片来源：Wikimedia Commons）

这些五维方程当然也包括爱因斯坦的四维场方程以及更深层次的其他部分。令人惊讶的是，这个其他部分就是麦克斯韦的电磁方程。

也就是说，卡鲁扎的五维度量包括爱因斯坦的引力场和麦克斯韦的电磁场这两个方面。

难道只是碰巧吗？卡鲁扎在论文中对这一疑问用略带诗意的语言写道："实际上这是任何形式都无法比拟的统一……绝不是一味沉醉、玩弄偶然事件而得出的结果。"

时空的"涟漪"（想象图）

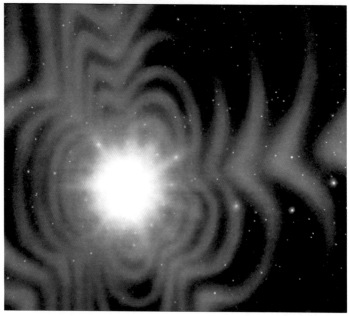

就像向水面扔石头一样，物体一移动，空间就会扭曲并形成涟漪，逐步扩散到宇宙。

（图片来源：Yazawa Science Office）

卡鲁扎把这篇论文寄给了爱因斯坦。爱因斯坦称赞卡鲁扎的见解"美丽而大胆"。

但爱因斯坦也很慎重。他虽然对这篇论文进行了审查，但是却推迟了两年左右才让其出版。爱因斯坦时常在物理学中探寻真实的东西，所以他并不满足于数学中的抽象维度。他想知道的是抽象维度的物理属性。例如，"五维存在于哪里？""五维有多大？""为什么我们从未见过五维？"

1926 年，瑞典的理论物理学家、数学家奥斯卡·克莱因曾试图回答爱因斯坦的疑问。

克莱因出生于 1894 年。青年时代，他在诺贝尔研究所成为斯万特·阿伦尼乌斯⊖的学生，之后在哥本哈根三年间，一直与著名物理学家尼尔斯·玻尔⊖一起进行研究。

据克莱因的提议来看，卡鲁扎理论中的五维空间就像是卷绕起来的圆环一样的形状，且圆环极小，其半径比物理上的任何尺度都小得多（最小的尺度被称为"普朗克长度"⊜）。

⊖　斯万特·阿伦尼乌斯（1859—1927）
从小就显露出神童智慧的瑞典化学家，在物理化学的创立初期提出了跨革命的理论。他创立的影响化学反应速率的阿伦尼乌斯公式至今仍被人们所使用。因提出电离理论而获得 1903 年的诺贝尔化学奖。

⊖　尼尔斯·玻尔（1885—1962）
出生于丹麦，1916 年成为哥本哈根大学教授，1921 年在该大学建立了理论物理研究所，并担任主任。他善于辩论，门下会聚了来自世界各地的年轻研究者，对量子力学的建设起到了指导性作用。玻尔以原子结构的研究和核裂变理论而闻名，获得 1922 年的诺贝尔物理学奖。

⊜　普朗克长度
普朗克长度是经典引力理论（广义相对论）能处理的时空尺度的极限，约为 1.6×10^{-35} 米。光子移动普朗克长度所需的时间是 5.4×10^{-44} 秒，被称为"普朗克时间"。大爆炸理论无法描述出比普朗克时间更早的宇宙状态。

奥斯卡·克莱因

THE OSKAR KLEIN MEMORIAL LECTURES
Volume 3

Editors: Lars Bergström & Ulf Lindström

提议额外维度"紧化"的瑞典理论物理学家,凭借克莱因-戈尔登方程、克莱因-仁科公式、时间旅行理论、克莱因悖论等闻名于世。斯德哥尔摩大学每年都会举行冠以他名字的纪念讲座。

卷绕的五维

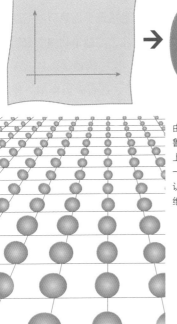

由卡鲁扎提出、克莱因开发得出的理论（卡鲁扎-克莱因理论）。它在四维时空的基础上再加一个维度，形成五维时空，试图统一广义相对论（引力）和电磁力。该理论认为，我们的世界本就是五维时空，第五维度呈卷绕状，半径极小，无法识别。

　　这并不是克莱因随随便便、一时冲动推导出的结果。普朗克长度是通过物理学的三大基本常数（光速、普朗克常数及万有引力常数）来进行定义的。因此普朗克长度具备物理意义，它也是之后即将进行讨论的"量子引力理论"中唯一自然出现的长度。

克莱因将五维进行"紧化"[注]后，相对论和量子论在五维中建立起了联系。

对当时的物理学家和数学家来说，量子论是最热门的话题。于是，通过克莱因理论重新审视卡鲁扎理论的理论物理学家们，将其发展成了"卡鲁扎–克莱因理论"。这些物理学家包括沃尔夫冈·泡利[注]、路易·德布罗意[注]，当然，还有爱因斯坦。他在1927年的一封信中写道：

"通过这个五维理论，引力和麦克斯韦理论（电磁理论）的统一似乎完美实现了！"

被抛弃的五维世界

尽管受到爱因斯坦的大加赞赏，卡鲁扎–克莱因理论到1930年仍未成为具有"活力"的理论。物理学家们即使摆脱了数学的限制，也无法确信第五维度的存在。

[注] 紧化
又称紧致化，指改变时空中某些维度的拓扑结构，使其从展开的无限大尺度变为有限大的周期性结构。

[注] 沃尔夫冈·泡利（1900—1958）
奥地利理论物理学家，是量子力学研究先驱之一。1945年因泡利不相容原理而获得诺贝尔物理学奖。

[注] 路易·德布罗意（1892—1987）
法国贵族家庭出生的理论物理学家。为探索光的波粒二象性，他发表了物质波理论，成为波动力学的先驱，并凭借此成就获得1929年诺贝尔物理学奖。晚年致力于量子力学的因果解释。

毕竟，由于该理论假定的额外维度是脱离现实的极小维度，无法进行直接观测。没人能建造出相应的实验装置去验证这个理论是否正确，而且该理论缺乏预测任何事情的能力。也就是说，不存在基于该理论的新假设，我们只能"间接"确认该理论是否正确。

而且这个理论有着严重的弱点。这跟被预测成圆环状的维度的性质有关。这个环就像前面所说的，不仅尺寸极小而且是"冻结"状态，即在空间和时间中完全没有变化。前面提到的美国理论物理学家李·斯莫林⊖指出，没有变化正是这个理论的致命弱点。

如果额外维度的半径是"冻结"即固定的，那么维度的形状就无法发生变化。而这会危及广义相对论的根基，因为广义相对论属于"不断变化的几何学理论"。

起初对卡鲁扎-克莱因理论持积极态度的爱因斯坦，最终也改变了意见。20 世纪 20 年代末，爱因斯坦写道：

"将四维连续体转变成五维连续体，然后人为地限制五个维度中的一个，这是不对的。因为这就无法清晰地表达自我。"

在统一引力和电磁场的尝试中失败的不仅仅是卡鲁扎和克莱因，还有其他著名的物理学家和数学家。他们也曾试图统一这些理论，不管是否引入了新的维度，后来都同样以失败告终。

⊖ 李·斯莫林（1955—）
美国理论物理学家。为构建统一广义相对论和量子力学的量子引力理论采取了各种方法，是"圈量子引力论"的创始人之一。对弦理论和因果动力学三角剖分（认为时空由小的三角形组成）的理论建立也起到重要作用。现为加拿大圆周理论物理研究所研究员。

例如爱因斯坦也提出了"远距平行引力"的想法，但这个想法被沃尔夫冈·泡利认为"完全是无稽之谈"而否决了。现在，这个想法已经完全被人们所遗忘。

从那时起直到1940年，几乎没有物理学家会去研究统一场论了。少数几个研究的人在物理学家界甚至成为被嘲笑的对象。

1930年，在爱因斯坦自我批判自己的理论时，说了这样一段话：

"现在的新理论中仅有数学性的理论，还只是通过模糊的符号勉强与物理现实联系在一起。这个理论只是靠走形式的研究发现的，理论的数学结论还没有发展到可以与实验结果相比较的程度。"

这里批判的是爱因斯坦自己设想出的"远距平行引力"理论。同时，这也同样适用于当时试图研究统一场论的其他科学家。

操控 16 维、26 维的理论家

由此可见，20世纪20年代旨在进一步统一物理学理论的各种尝试都未能得出任何成果。当时的大部分物理学家都对这一领域失去了兴趣，纷纷投身于量子论、量子力学等新兴且炙手可热的领域。这并不奇怪——在那样的领域中，年轻聪明的物理学们轻易就能名声大噪。

尽管如此，在尝试进行物理理论的统一过程中出现的一些想法，从物理学的长远角度来看还是有益的。如前面所说，赫尔曼·外尔在 1919 年提出了"规范"的概念，几十年后粒子物理学家们使其重获新生，发展出了"规范理论"。随后，卡鲁扎的空间维数的扩张和克莱因的紧化思想在弦理论和宇宙论中被广泛使用。

而且在卡鲁扎之后，物理学家们开始谈论起以前想都不敢想的事情了，比如猜想我们或许可以生活在四维以上的世界里。

卡鲁扎满足于只拓展一个额外维度，即五维世界，然而现在的理论物理学已经着眼于"弦""超弦"或"超对称性"的概念了，可以熟练地操控六维、十维或十一维。甚至更深层次的维度也即将浮出水面。有些理论家认为 16 个维度可以使弦振动，也有人认为需要 26 个维度。

无论如何，这些额外维度都是隐匿着的。且不说仅靠人类肉眼无法看见它们，就连使用现在已有的，或者物理学家畅想未来技术虚构出的"放大物体的装置"，也不能直接看到。

如果用尽一切办法也无法看见的话，那可能这些维度只是暂时不存在。但是如果额外维度确实不存在，许多理论物理学家将会失去研究课题，面临失业。

因此这些理论都试图表明，额外维度是真实存在的，它们只是尺寸过小肉眼无法看见，被紧化了。这也是额外维度概念的开拓者奥斯卡·克莱因从一开始就提议的。

尝试描绘隐藏的维度

那么这些额外维度具备怎样的物理现实呢？"紧化长度"又是什么？在进入多维世界，以及时而五彩缤纷、时而光怪陆离的微观粒子的世界，甚至是弦世界之前，让我们先试着描绘出肉眼都无法看见的隐藏维度吧。

在我们的世界中可以观察到三维空间。天文观测显示宇宙在任何方向上都有约465亿光年的广阔空间。

那么，这片广阔的空间今后会变成什么样？是向更远的地方延伸，还是形成一个弯曲的、闭合的巨大圆圈？如果是后者，宇宙飞船即使到达了宇宙的边缘，最终还是会回到出发点。

我们认为，三维空间即使无比宽广，理论上也可以被观察和测量。我们无法看到的是它的维度边缘在何处，它是无限的，还是其他什么情况。

额外的隐藏维度显然不可能是无限大的，所以我们能够看到它按道理也不奇怪。但不管怎样，看不见的话就说明这个维度一定是"封闭"的。也就是说，这个维度是球状的，或者是被卷绕成的一个环形。

然而，很难想象这些额外维度的空间是如何与我们所了解的三维空间融合在一起的。于是，哥伦比亚大学教授布莱恩·格林和他的高中同学、目前在哈佛大学任教的丽莎·蓝道尔等物理学家，用"花园软管宇宙"模型来解释看不见的维度。花园软管就是给花园里的草木浇水的软管。

假设现在你从很远的地方观察软管的一部分。这个软管看起来像一根长线，是一个一维的物体。但是你靠近看的话就可以发现软管有厚度（直径）。也就是说，软管的表面是二维的，但如果将软管沿长度方向切去一部分，软管切口处就会出现矩形，被矩形包围的部分会出现三维。

布莱恩·格林

哥伦比亚大学物理学、数学教授，凭借超弦理论研究为人所熟知，著有《宇宙的琴弦》等畅销书。

假设现在软管表面栖息着一只蚂蚁。蚂蚁可以沿着软管的长度方向向前或向后运动，还可以沿着软管横截面方向的环形顺时针或逆时针运动。也就是说，蚂蚁栖息的世界是二维的：一个是沿软管长度方向延伸的维度，一个是沿着软管的横截面方向弯曲的维度。

这样的画面反映出的宇宙，融合了可见的广阔维度和卷曲并被限制在微观空间里的额外维度。

但是，这种蚂蚁–花园软管的模型也有缺陷。蚂蚁对软管伸长的部分和卷曲的环状部分构成的两个维度的尺寸都很熟悉。但

花园软管宇宙

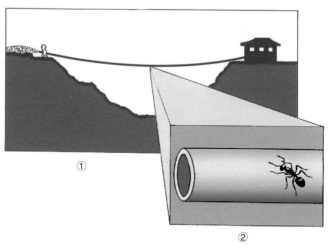

①从远处看，会看到一维物体，即一条长长的线。
②软管放大后可以看出是有粗细（直径）的二维物体。蚂蚁可以沿软管横截面方向做圆周运动。

（图片来源：Brian Greene，The Elegant Universe，1999）

蚂蚁的身体比软管的环状部分形成的维度尺寸要小，即比"软管宇宙"中最小的尺寸还要小，因此蚂蚁是能看到这个维度的。

然而，奥斯卡·克莱因所提出的额外紧化维度实际上比人类所能看到或感知到的尺寸还要小几十个数量级。这种长度与普朗克长度相当，后者是由物理学中已知的量（物理量）推导出的最小长度。

这种长度用我们所了解的任何方法都检测不出。因此，对于我们人类来说，这个世界看起来就像是三维空间加上时间维度所形成的四维时空。

在花园软管的世界中或许也会出现与我们的世界类似的场景。想象一种生物，它比蚂蚁大得多，软管环状部分的尺寸完全从它的视野中消失。那么，尽管实际处于二维世界，这种生物也会以为自己身处"线之国"这种细长的一维（加上时间维度）世界。

五维空间和六维空间

类似线之国这样的情况在我们人类身上也时有发生。除了我们熟知的三个空间维度和一个时间维度以外，我们无法理解卡鲁扎-克莱因理论所预测的五维空间，即四个空间维度加一个时间维度。因为极小而又蜷缩封闭的第四空间维度脱离了我们所能感知的范围。

在这样的世界中，谁也无法想象有四个空间维度。但即使不清楚这样的事实也无妨。换句话说，即使我们无法感知这极其微小的额外维度，我们的世界观也不会受到任何影响。

然而，在21世纪的今天，物理学家们正致力于研究丽莎·蓝道尔提出的"有效理论"。在其中，人们试图只关注实际上能够通过五感感知到的东西。

就像我们至今所了解的那样，隐藏的维度是我们无法看到或感觉到的，因此应该没有谁会去认真研究它到底是什么。但如果它真实存在的话就不一样了。我们必须认真考虑，它到底是一个怎样的维度，能否具体地描绘出它的样子。或许几何学能对此有所帮助。

回到卡鲁扎-克莱因理论的预言，极其微小蜷缩起来的额外维度在三维空间的任何地方都存在。我们不能用我们所熟悉的三维空间的理解方式来解释四维空间，但是可以把普通的空间降到二维。把三维空间"切开"就可以创建出二维平面。

此时，作为问题根源的额外维度将从平面的任何地方（点）跳脱而出并形成一个环。在刚才所说的花园软管世界中，这些无数的环将沿着拉伸的维度排成一列。

也可以用类似的方法来思考有两个额外维度的情况。举例来说，假使在三维的每个地方都会有两个额外维度形成球体或圆圈状，则此处就存在五维空间。但是，在维度比五维空间更高时，情况将变得更为复杂。其中一个例子便是弦理论中出现的六维"卡拉比-丘空间"。根据弦理论研究者的观点，可能有几万或几十万种扭曲蜷缩的超微六维空间。无论是你的鼻尖、火星的北极，还是银河系的中心，只要是任意可见的空间，它们都有分布。

跳脱出的额外维度

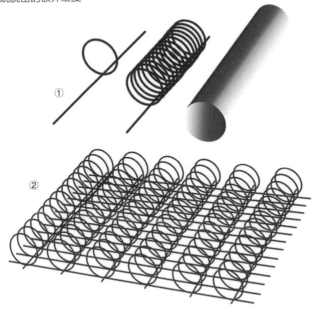

①在二维空间中，如果一个维度是环状的，那么环存在于另一个无限延伸的维度的所有点上。

②在三维空间中，如果三个维度的其中一个是环状的，那么环存在于由另外两个维度形成的二维空间的所有点上。　　　　　　　　　　（图片来源：L.Randall，Warped Passages，2005）

额外维度一定会出现吗

　　到目前为止，我们所了解的"隐藏维度"的模型听起来确实有些道理，但也有令人担忧的地方。由于我们天生无法感知蜷缩的维度，在关于此类问题的讨论上，这一模型可能并非简单而合理的解释。相反，这难道不是在试图掩盖不存在额外维度这一事实吗？

丽莎·蓝道尔在其著作《弯曲的旅行》（*Warped Passages*）中说道："额外维度世界的本体能完全隐藏吗？隐藏至和四维世界完全无法区分的地步？我认为并不能。"

她认为，在更高维度的世界里，应该有着能够与四维时空相区分的其他要素。

然而，这难道才是应当追究的问题吗？我们真的有能力从高维度中发现这种新要素吗？现实是，我们都不能直接看到或感知到额外维度，这个世界也只会以四维方式向我们呈现。

也可以说，我们与"平面国"即住在二维平面世界的人们遇到了相似的状况。平面国的居民只能看到两个空间维度，即使是三维的球体在他们看来也是二维的圆盘状。在我们的世界也会出现类似的现象，可能来自高维空间的粒子在我们看来也只是在三维空间中移动的粒子。

虽然额外维度不断逃脱人类的追寻，但它或许已经在我们所观测到的物理现象中留下了一些间接证据。

包括以丽莎·蓝道尔为首的物理学家们也正对此抱有希望。他们期待着，当隐藏的维度经过我们所处的三维世界时，能产生不可思议的"戏剧性效果"。换句话说，当高维空间在低维空间中经过时，一定会有某种根源性的力量在一瞬间迸发出来。

前文所说的卡鲁扎理论或许已经间接暗示了额外维度的存在。这个理论确实有重大的缺陷，但它也显现出了一些惊人的特性。卡鲁扎只是在将三维空间和时间维度公式化的爱因斯坦广义相对论中，单纯添加了额外维度而已。

但是卡鲁扎理论中除了爱因斯坦的方程以外，还包含其他方程。这些方程与新维度息息相关，它们正是麦克斯韦的电磁场方程。这也表明，引入新维度的纯数学方程正在用来描述实际的物理现象。

这是偶然，还是在暗示这个理论超越了四维时空到达了更深层次的物理现实？这是否就是加来道雄的《平行宇宙》中所说的将电磁力和引力统一的线索？

或许，主张额外维度一定有存在痕迹的丽莎·蓝道尔是正确的。她对"卡鲁扎-克莱因粒子"怀抱极大的希望，认为它们可能是来自隐藏空间的信使。在下一章中，我们将把目光投向这些未知粒子可能携带的信息。

规范场论

德国数学家赫尔曼·外尔在 1920 年左右重新对爱因斯坦的引力理论进行了几何学解释,试图统一引力场和电磁场。其中,他考察到即使改变对象的尺度(规范),理论内容也不会改变,即"规范不变性"。这些概念在世界物理学家之间广泛流传,出现了"规范场"和"规范对称性"等术语。

外尔的理论最初并不正确,但使用这些术语和概念形成的"规范场论",为统一电磁力、弱力和强力的基本粒子理论(被称为"标准模型")构建了坚实的基础。

在规范理论中,所有的力之间的相互作用都是由被称为"规范玻色子"的粒子交换产生的,这些粒子担当传递力的媒介(例如,在电磁场中传递力的规范玻色子是光子)。但是,在 4 种基本力中,传递引力的规范玻色子(引力子)至今仍是假想,其存在还未被确认。另外,标准模型并未描述引力,它还不是终极理论。

第6章

弦理论和多维宇宙

在五维空间完全被人们抛之脑后的时候，物理学的世界里不断有新的基本粒子被发现，"粒子乐园"的出现让所有人陷入疑问的漩涡。其中，以统一量子力学和引力为目标的最强有力候补"弦理论"出现了，而被人们逐渐遗忘的多维空间逐渐复苏，成为了"救世主"。

消失的卡鲁扎-克莱因理论再度复活

卡鲁扎和克莱因提出的五维模型在20世纪30年代淡出了人们的视野。他们的论文不再被物理学家们看好并引用。

在20世纪50年代和60年代，物理学家们的大脑中根本不存在比三维更高维的空间。事实上，当时的物理学家第一次听说可能存在比四维时空更高的维度时，受到了很大的冲击。

纽约市立大学理论物理学家加来道雄在他的著作《超越时空》（*Hyperspace*）中提到，他仍清楚地记得自己在研究卡鲁扎的五维时周围发生了什么——"这就像许多美国人谈论1963年11月22日星期五肯尼迪总统在得克萨斯州达拉斯遇刺时，自己当时正在哪里做什么一样"。

卡鲁扎于1954年去世。那时只有为数不多的物理学家在关心额外维度的发展。但是随着之后粒子物理学的发展，以及统一场和力的尝试，额外维度正开始慢慢复苏。

在这里，我想回顾一下现今研究的多维世界出现之前30年的理论物理学史。这是20世纪80年代物理学家们引入粒子物理学中的标准模型之前的一段经历。

第二次世界大战以后，粒子物理学取代了之前的主流量子物理学，成为热门领域。这是物理学家对之前一直被"小看"的课题——物质结构倾尽全力研究的结果。

在此之前，20世纪30年代发现的关于物质结构的科学理

物质的结构

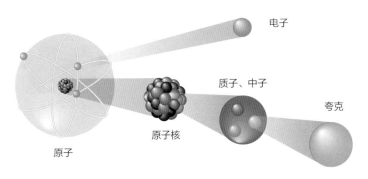

现今我们认为构成物质的最基本要素是夸克和电子这样的粒子。

解——物质由 3 种基本粒子组成——被认为是人类所能探索的极限。构成物质的所有原子都有原子核，原子核由质子和中子构成，在原子核周围围绕着电子，光子在电磁场中担当传递相互作用力的媒介。

但是，这种单单考虑物质结构的观点并没有持续很久。早在 20 世纪 30 年代，理论物理学家们就对"β 衰变"这一现象感到困惑。这是在原子核内发生的现象，中子释放电子变成了质子。但这一过程明显违背了"能量守恒定律"。

于是，量子物理学的开拓者之一沃尔夫冈·泡利，在 β 衰变过程中引入了被称作"中微子"的电中性（不带电荷）的新粒子。顺便一提，给中微子命名的是在 1938 年获得诺贝尔物理学奖的恩利克·费米。

β 衰变

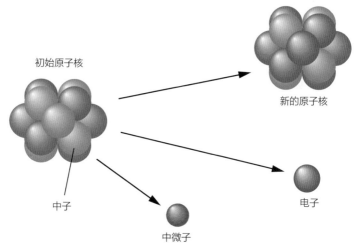

初始原子核

新的原子核

中子

电子

中微子

中子释放电子和中微子变成质子。

　　泡利的中微子假说解决了 β 衰变中能量守恒定律被破坏的问题。1956 年，弗雷德里克·莱因斯等人通过实验终于观测到了中微子的存在，他也因此获得 1995 年诺贝尔物理学奖。

　　另一方面，宇宙线的观测也给此前几乎无人知晓的粒子提供了存在的证据。1950 年以后，大型高能粒子加速器在世界各地开始启用。这是用来使电子和质子等粒子加速，在高能状态下进行对撞的大型设施。

中微子的首次观测

1956 年，科学家在核反应堆旁边放置探测装置，首次观测到反电子中微子。

（图片来源：Fermilab/U.S.Dept.of Energy）

从"粒子乐园"到"夸克"

在这些大型加速器中进行的粒子对撞实验表明，从碰撞的碎片中可能会产生数百种新的粒子，就好比眼睛无法看见的微观世界中的烟花一样。根据这样的实验结果，20 世纪 30 年代所设想的基本粒子世界的简单印象迅速崩塌。

粒子的对撞

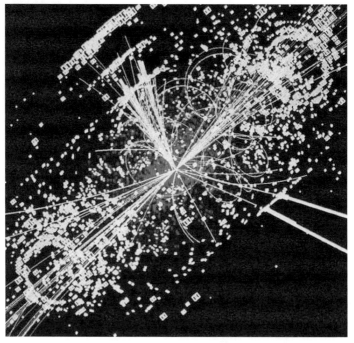

高能粒子对撞会释放出巨大的能量，同时各种各样的新粒子会在一瞬间突然出现。

（图片来源：CERN）

此后的岁月里，粒子物理学家们发现了各种各样的粒子，到了 60 年代后半期，形成了所谓的"粒子乐园"。粒子乐园被认为是由 300 多种亚原子粒子组成的（表 1）。

然而，种类如此多的粒子并不能一概而论。物质的基本形式应当更加简单纯粹。就像物理的场和力的统一理论一样，各种亚

粒子乐园

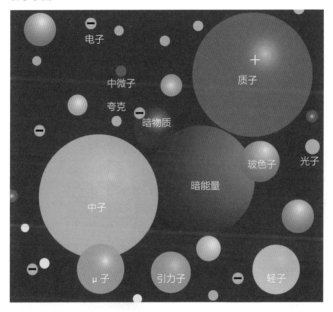

表 1　亚原子粒子的分类

亚原子粒子	强子	重子（质子、中子等）
		介子（π介子、K 介子、η介子等）
	基本粒子	夸克（上夸克、下夸克、奇夸克等）
		轻子（电子、中微子、μ子等）
		规范玻色子（光子、W 玻色子、Z 玻色子等）

原子粒子也应当进行整合,重新描绘出更加简洁的面貌。

但是,中子、质子等强子和其他粒子之间产生的相互作用非常复杂,无法以观测到的现象为基准系统地认识粒子和场。

20世纪60年代,美国物理学家默里·盖尔曼找到了这个问题的解决方法。那就是,倘若构成物质的强子都是由"小块"组

默里·盖尔曼

盖尔曼19岁毕业于耶鲁大学,22岁获得麻省理工学院博士学位。他对粒子物理学做出了巨大的贡献,包括创造出夸克模型,并在1969年获得诺贝尔物理学奖。

(图片来源:Heinz Horeis/Yazawa Science Office)

成的,那么所有的粒子都应当能够被整合进一个简单的系统里。

后来,盖尔曼将这种小块叫作"夸克"。例如质子和中子就各自由 3 个夸克构成。在 1974 年的粒子碰撞实验中,这些夸克被首次观测到。它们并不是一个个独立出现的,因而是被间接观测到的。夸克只能以"束缚状态"存在。顺带一提,还存在着除夸克以外的其他基本粒子,如轻子。到目前为止,已知的轻子有电子、μ 子、τ 子和与之相应的 3 种中微子以及它们的反粒子。

夸克的出现,为涵盖粒子之间的相互作用的粒子理论的全面发展提供了充足的条件。

但是,构建粒子之间相互作用理论的尝试早在 20 世纪 50 年代初就开始了。中国物理学家杨振宁和他的学生罗伯特·米尔斯试图用一种理论来解释和统一原子核中出现的两种力(强

表 2　夸克和轻子

	代	名称	符号	电荷 /e
夸克	第 1 代	上夸克 下夸克	u d	+2/3 −1/3
	第 2 代	粲夸克 奇夸克	c s	+2/3 −1/3
	第 3 代	顶夸克 底夸克	t b	+2/3 −1/3
轻子	第 1 代	电子 电子中微子	e v_e	−1 0
	第 2 代	μ 子 μ 子中微子	μ v_μ	−1 0
	第 3 代	τ 子 τ 子中微子	τ v_τ	−1 0

质子和中子

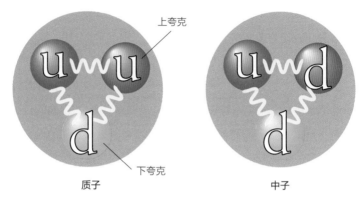

上夸克

下夸克

质子   中子

质子和中子各自由 3 个夸克构成。

力和弱力）。

    强力（强相互作用）束缚住质子和中子，形成原子中的原子核。另外，这种力也将夸克结合在一起，形成质子和中子。

    而弱力则与 β 衰变（即质子变成中子或中子变成质子）时释放出电子、中微子及其反粒子的过程密切相关。强力的强度是弱力的 10 万亿倍。

杨-米尔斯理论

    杨振宁和罗伯特·米尔斯提出的杨-米尔斯理论构成了现今粒子物理学标准模型的基础。但是奠定其基础的不仅仅是杨-

米尔斯理论。他们的研究成果当初并没有被广泛采纳，绝大部分内容都被忽略了。后来经过众多物理学家们的努力才终于取得成功。

20 世纪 60 年代，许多物理学家致力于杨－米尔斯理论，其中一位便是日裔美籍物理学家南部阳一郎。为了完善这一理论，物理学家花了将近 20 年的时间设计数学创新。即便如此，杨振宁等人的数学公式背后的东西也没有完全被理解。

杨－米尔斯理论中很重要的一个观点是，基本粒子的交换和微小的能量交换都与"力"相关。基本粒子之间传递相互作用力

杨振宁

中国理论物理学家，1949 年起在普林斯顿高等研究院担任了十几年研究员。因与李政道共同提出宇称不守恒原理而获得 1957 年诺贝尔物理学奖。

（图片来源：AIP/Yazawa Science Office）

的媒介被称作"玻色子"，它们只存在于有限的时间和空间内，其中包括胶子和光子。

胶子是在夸克之间传递相互作用力、使之像胶水一样黏合在一起的粒子；而光子是传递电磁力（电磁相互作用）的粒子。

因此，理论物理学家们在 20 世纪 70 年代中期，将之前各种

南部阳一郎

1952 年远赴美国，在普林斯顿高等研究院和芝加哥大学研究理论物理。他提出了"南部-后藤作用量"，对初期的弦理论做出了贡献。他因"发现亚原子物理学的自发对称性破缺机制"而获得 2008 年诺贝尔物理学奖。

（图片来源：Betsy Devine）

各样的粒子整合到一个框架内。这就是上述所说的粒子物理学中的标准模型。

名叫"标准模型"的不完整理论

从标准模型中可以明显看出杨-米尔斯理论是作为核心而存在的。到目前为止出现过的 3 种基本粒子——夸克、轻子和玻色子，是构成所有物质和传递相互作用力的基本单位。

另外，由粒子间的相互作用产生的 4 种基本力（表 3）中，标准模型达成了其中 3 种力的统一，即麦克斯韦的电磁相互作用力（电磁力）、杨-米尔斯理论中描述的强相互作用力（强力）和弱相互作用力（弱力）。标准模型从最初的发展阶段到更为精细的完善阶段，花了 50 年左右的时间。

美国的史蒂文·温伯格是建立标准模型的物理学家之一，并凭借其成就获得 1979 年诺贝尔物理学奖。研究标准模型的过程漫长而又艰辛，他过去的发言中切实反映了这一方面——"理论物理学有着漫长的历史。我正因为受这漫长历史所影响，感受到原子核中的强力实在是太为复杂，恐怕人类无法理解吧。"

但尽管如此，人类凭其智慧终于还是理解了这种复杂的现象。仅仅通过简单数学式构成的标准模型，就使物质具有的所有不可解释的性质得以明确。

标准模型不光是一个理论，在现实世界中也能应用。在世界

标准模型

● 构成物质的粒子（费米子）

	第 1 代	第 2 代	第 3 代
夸克	u 上夸克 d 下夸克	c 粲夸克 s 奇夸克	t 顶夸克 b 底夸克
轻子	v_e 电子中微子 e 电子	v_μ μ 子中微子 μ μ 子	v_τ τ 子中微子 τ τ 子

● 希格斯场的量子激发

H

希格斯玻色子

● 传递相互作用力的粒子（规范玻色子）

强力	电磁力	弱力
g 胶子	γ 光子	W^+ W^- Z W 玻色子　Z 玻色子

与自然界的 4 种基本力中除引力以外的其他 3 种力（强力、电磁力、弱力）息息相关的基本粒子理论，即标准模型。

（资料：KEK，图片来源：Yazawa Science Office）

表 3　自然界的 4 种基本力

名称	主要作用	媒介粒子
强力	原子核（质子和中子）的形成，质子衰变	胶子
电磁力	原子和分子的形成，化学反应	光子
弱力	原子核衰变	W 玻色子、Z 玻色子
引力	行星的运动，星系和恒星的形成	引力子

各国越来越强大的高能加速器实验中，标准模型明确解释了实际物质的性质。理论物理学家和粒子物理学家开始向着"终极理论"的明确目标不断前进。

虽说如此，标准模型至今只能说是一个将"大约的万物"包含在内的假说或理论。因为该理论中缺少一个决定性的力，即引力。

此外，标准模型虽然与实验事实完美吻合，但其中还隐藏着一个令人费解的难题。所有的物质粒子都有一个属性，即"质量"，并且不同粒子的质量各不相同。那么这些质量是怎么来的呢？

为了解决这个问题，彼得·希格斯等物理学家提出了希格斯机制。根据希格斯机制，希格斯场遍布宇宙各处，基本粒子与希格斯场相互作用而获得质量。后来，欧洲核子研究组织在日内瓦建造了大型强子对撞机（LHC），希望能找到希格斯场中的粒子——"希格斯粒子"，以验证该理论。2013 年，通过对撞机实验，物理学家初步确认发现了希格斯粒子，定名为"希格斯玻色子"。这证明了希格斯场的存在，希格斯本人也因此荣获 2013 年诺贝尔物理学奖。至此，标准模型所预测的所有基本粒子都被发现。

"真理是可以通过它的美丽和单纯来认识的"

然而，也有一些物理学家对标准模型中混乱、不恰当的规定方式感到不满。例如其中一点就是，在研究强力时，需要 36 种正夸克和反夸克。因此，理论中出现了具有各种各样"味"和

"色"的夸克。

另外，在研究胶子时，涉及 8 个杨-米尔斯场即规范场理论，其中电磁场和弱力涉及 4 个杨-米尔斯场——粒子框架以这种方式延续下去。

标准模型之所以如此复杂，也许是因为其中存在某些错误。因此，对这种状况感到悲观的美国物理学家理查德·费曼⊖曾说："真理是可以通过它的美丽和单纯来认识的。"

发现了夸克的默里·盖尔曼，也在其 1994 年出版的著作《夸克与美洲豹》（*The Quark and the Jaguar*）表示出对标准模型的悲观看法——"这个标准模型至今仍不属于基本理论。这种完完全全单纯性的理论应该在最根本的层面上表现出来。"

那么，默里·盖尔曼所说的"最根本的层面"究竟是什么？

对该问题持反对意见的理论物理学家一直主张"弦"才是最为根本的层面，并且在弦的概念上构建了"弦理论"。从那以后，"弦理论"成了追求量子力学和引力统一的最强候补力量。

"振动的弦"和 26 维世界

弦理论的初期历史可以追溯到 20 世纪 60 年代后期。那是一个常年独立于粒子物理学世界进行钻研的分支小组，他们致力于

⊖ 理查德·费曼（1918—1988）
美国理论物理学家。因在量子电动力学方面的贡献，1965 年与朝永振一郎、朱利安·施温格共同获得诺贝尔物理学奖。他不拘泥于成见，以自己独特的方式对待自然，留下了"费曼图"等多个独创性发明和研究。

研究强子对撞时会发生什么现象。强子是由几个夸克组成、被强力所支配的粒子，包括重子和介子。

身为弦理论的领军人物，美国物理学家迈克尔·格罗斯在1992年的一次演讲中，对弦理论诞生的背景及其意义作了如下说明：

"弦理论是从物理学逻辑框架的保守研究中延伸出来的理论，它不会改变粒子物理学的基础。"

那么也就可以认为，弦理论的新观点中，基本粒子不是无限小的"点粒子"这种零维存在。据他的看法，基本粒子是具有大小（长度）的一维"弦"，且不断振动。这样的弦理论基于比我们已知的四维时空更高的维度。

弦理论研究者：虽然标准模型很有用，但没有把引力考虑进去。而且，为什么所有的基本粒子都具有质量，面对这些疑问我们无法解释和回答。我们需要的是更为普遍通用的新理论。

大自然之神：我这里有一个杰出的新理论，我愿意把它告诉你们。这个理论可以统一引力和量子场论，只需要提供一个变量。你要做的只有一个，就是求出这个变量适合的值。如果能做到的话，就不需要标准模型了吧。

弦理论研究者：请告诉我这个理论。

于是弦就这样突然之间出现了。1968年，当时在欧洲核子研究组织工作的年轻意大利物理学家加布里埃莱·韦内奇亚诺对强子对撞的实验结果进行了分析。在这个实验中，他发现基本粒子的相互作用可以用"B函数"来解释。

距此200多年前，瑞士数学家莱昂哈德·欧拉开拓了B函数。韦内奇亚诺利用这个函数成功阐述了基本粒子的强相互作用力。

振动的弦

根据弦理论，粒子不是点，而是长度极短的弦。由于弦的振动和弦之间的相互作用产生了各种粒子。

（图片来源：木原康彦 /Yazawa Science Office）

并且令人意外的是，通过纯粹的数学方法得到的结论与现有数据惊人地吻合。

同时期的年轻日本物理学家铃木真彦也发现了 B 函数。与韦内奇亚诺不同，铃木却遭到了物理学前辈们的反对，没能发表关于 B 函数的二次发现及其在强子对撞中的应用的内容。因此，人们不把这一成就称为"韦内奇亚诺-铃木模型"，而是单单说成是韦内奇亚诺一人的功劳。

然而，韦内奇亚诺却无法解释他所采取的这一手法为什么会起作用。这一事实背后隐藏的物理学背景究竟是什么？这个谜团在 1970 年由三位物理学家解开，其中一位就是前面提到过的南部阳一郎。

当时这三位物理学家各自得出了以下完全相同的结论："假使我们将基本粒子构建成类似弦振动的模型，我们就可以用韦内奇亚诺数学模型来解释原子核中基本粒子的相互作用。"

他们坚信这会是一个震惊全世界的大发现。但他们错了，世界上的物理学家们对南部等人的理论基本没有兴趣。

而且这个新观点还有几个问题。这个理论包括时间维度在内，实际需要 26 个维度，这是因为这个看法或者概念非常反常。但的确，如果把时空从 4 维增加到 26 维，就能奇妙地解决这个反常的问题。

该理论还表示，必须要假想出许多粒子，包括以超光速运动的超光速粒子以及不断运动且没有质量的粒子。看来，与其说这是严肃的理论物理学，不如说是科幻电影脚本。

另外，初期的弦理论并没有考虑到自然界的所有粒子，例如夸克所属的费米子⊖就被排除在外。因此，在描述原子核的强力时出现了很大障碍。但另一方面，在标准模型的研究中发现了能统合强力的方法。

正因为这种情况，弦理论在物理学界从没有被认真讨论过。特别是研究者们对处理更高的额外维度还抱有很大的抵触情绪。因此，卡鲁扎-克莱因理论在此后很长一段时间被人们所遗忘。

⊖　费米子
　　自旋为半整数（1/2 的奇数倍，如 1/2、3/2、5/2 等）的粒子，服从费米-狄拉克统计。具体来说就是，两个全同的费米子（如电子、质子、中子）不能处于相同的量子态（泡利不相容原理）。

出现了，超对称性

按理说，想在科学研究领域流芳百世的物理学家们，一般都会先明确自己的研究领域。结果这个新的物理学概念只有少数几个理论物理学家为之努力。

其中一位便是曾在芝加哥大学的费米实验室工作的法国年轻物理学家皮埃尔·拉蒙。他用这句话来形容自己："我就像是一位弦理论的矿山探险家。"

在这项研究上花费了 5 年时间的他回忆起当时的情况，感慨道那是自己多年研究生活中最能满足自我求知欲望的时期。

拉蒙至今还清楚地记得他的研究小组与南部阳一郎进行的讨论。南部对他们说："要努力去解决难以回答的问题。"这句话令拉蒙难以忘怀。之后这位科学家前辈还请他们吃了午饭。

1971 年，拉蒙推动了弦理论的发展，并发表了重要成果。他改良了韦内奇亚诺在 20 世纪 60 年代提出的第一个弦理论，并在弦的世界面上引入了费米场。

补充一下，韦内奇亚诺的弦理论后来被称为"玻色弦理论"，正如它的名字所示，虽然预测了玻色子的存在，但却没有预测到占粒子绝大多数的费米子。它还暗示存在与现代物理学互不相容的超光速粒子。这两方面是玻色弦理论最大的两个缺陷。

与之相对，拉蒙的改良版弦理论首次从玻色子和费米子之间的"对称性"中推导出了一种新的对称性，后来被称为"超对称性"。虽然超对称性是在弦理论中首次被发现的，但它的重要性

费米实验室

因发现夸克中的顶夸克而闻名。左下角的两个环状结构中较大的一个为太伏质子加速器。
（图片来源：Fermilab）

可能远远超过弦理论。

拉蒙的功绩之一，就是从弦理论中排除了超光速粒子的存在。根据拉蒙的新理论，玻色弦理论中要求的"26维"这种难以想象的维度是不需要的，十维就足够了。拉蒙在1999年成为了佛罗里达大学的"杰出教授"。

在弦理论中统合引力

正如我们现在所看到的，随着研究的深入，弦理论逐渐成为"超弦理论"，这其中应该不再包括科幻要素了。但即便如此，科学界仍然对弦理论兴趣寥寥。因此这个领域几乎看不见研究者的身影，人们的研究兴趣不足使得弦理论前景堪忧。

几年后仍在进行研究的物理学家有法国的乔尔·谢尔克和美国的约翰·施瓦茨。施瓦茨在晚年曾说过这样的话：

"到1974年，几乎所有致力于弦理论研究的人都开始将注意力从中抽离，转移到外面'更为广阔茂密的草原'中去了。在这期间，标准模型得以发展，大获成功。但是乔尔和我当时非常倔强，偏要反其道而行之，坚持要解开弦理论的谜团。"

于是两人合力解决了弦理论留下的最大难题。这个难题就是关于"无质量粒子"的定义问题。

不久，他们发现弦理论必然会涉及引力。也就是说，没有质量的粒子应该就是"引力子"。引力子是假想出来的粒子，作为

约翰·施瓦茨
试图通过弦理论解释量子引力的研究人员之一。现为加州理工学院理论物理学教授。

传递引力的媒介。引力子被认为是与传递电磁力的光子（既没有质量也不携带电荷）相似的存在。

不光是谢尔克和施瓦茨，年轻的日本物理学家米谷民明（2010 年 3 月之前都在东京大学执教）也注意到了弦理论带有引力的特征。

弦理论与引力的结合似乎充满了希望。现在，不受强子物理学的束缚，将引力量子化后的"量子引力"理论似乎更具现实意义。爱因斯坦的美梦，即所有力的统一的美梦正逐渐成形，隐约从物理学的地平线上浮现。

现在，从这项研究中发现的额外维度的存在似乎是值得庆祝的事情，而不是一场灾难。归根结底，时空的几何学是在引力理论中被动态（而非静态）决定的。因此，我们不得不认为额外维度是由某种紧化的空间形成的。谢尔克和施瓦茨将这种现象称为"自发紧化"。

这样一来，弦理论就又回到了卡鲁扎-克莱因理论的世界。

英年早逝的谢尔克的继承者

但即便如此，物理学家们仍旧继续忽视这个理论。约翰·施瓦茨在 2000 年发表了这样的评论："尽管弦理论是统一所有力的正当方法，但是大多数理论物理学家竟然还要花费 10 年时间才相信它。我感到百思不得其解。"

1979 年，年仅 34 岁的谢尔克突然离世。人们猜测他或许是先前患有糖尿病忘记注射胰岛素，或是因神经衰弱自杀而亡等。

痛失谢尔克的施瓦茨接着与年轻的英国物理学家迈克尔·格林一同继续研究弦理论。在这个被认为吃力不讨好的领域中依然坚持进行研究的人员极少，格林便是其中之一。

到了 1984 年，弦理论的阴霾时代宣告结束，开始有许多研究者疯狂涌入弦理论研究。这就发生在施瓦茨和格林发表研究成果后不久，该成果排除了弦理论中潜在的反常现象。

这个理论似乎可以毫不矛盾地描述所有基本粒子及其相互作用力。而此时他们的论文也拉响了首个"超弦革命"的号角。正因如此，一夜之间，世界上数百名理论物理学家开始涌入弦理论世界，弦理论成了科学主流。

迈克尔·格林
20 世纪 70 年代末，格林遇到了施瓦茨，开始一同进行研究。1984 年，两人通过数学方法探索出了超弦理论。

粒子加速器

　　粒子加速器是一种科学实验装置，它通过在强大的磁场中让质子和电子等带电粒子以接近光速的速度对撞，把迸发出的各种基本粒子在一瞬间用检测装置捕捉下来，并调查其性质。

　　其中最具代表性的便是欧洲核子研究组织的大型强子对撞机（LHC）。它全长27千米，总撞击能量达14太电子伏特，拥有能够使质子之间对撞的世界最强能量。LHC的长远目标，就是通过粒子对撞实验来验证本文所说的"大统一理论"和"超对称性理论"。

堪称当今世界最强的粒子加速器——LHC

（图片来源：CERN）

"对称性"和"超对称性"

　　"对称性"在日常生活中是非常具体而又常见的概念。我们一般用这个词来形容一种"和谐"的场景，或者从艺术层面来看，用于形容一种令人赏心悦目、匀称而又平衡的场景。

　　在物理学的世界里，对称性一般用于非常抽象的概念中，它表明了一种现象，即对某个物体进行各种"操作"，物体的性质也不会发生变化。

超对称性粒子

上夸克	粲夸克	顶夸克	胶子	希格斯玻色
下夸克	奇夸克	底夸克	光子	
电子中微子	μ子中微子	τ子中微子	W 玻色子	
电子	μ子	τ子	Z 玻色子	

● 夸克　　　○ 轻子　　　○ 规范玻色子

实际上，许多物理定律都具有对称性。大多数物理定律在时间和空间的任何层面都成立（也有例外的，比如热力学第二定律，它在时间轴中不呈对称性。这是因为热力学中的熵，即"混乱程度"会随着时间的推移而增加）。

物理学家们经常使用"对称变换"这个词。当对某物体进行了某种操作，可供观测的所有性质都不发生变化时，我们就将这种操作称为"对称变换"。例如，转动一个球，球在转动的过程中也仍然是球体，性质没有发生任何变化。我们就可以说球体具有旋转对称性。

再举一个例子，假设有两窝猫。一窝猫住在日本东部，另一窝猫住

$\tilde{u}$ 标量上夸克　$\tilde{c}$ 标量粲夸克　$\tilde{t}$ 标量顶夸克　$\tilde{g}$ 超胶子　$\tilde{H}$ 超希格斯粒子

$\tilde{d}$ 标量下夸克　$\tilde{s}$ 标量奇夸克　$\tilde{b}$ 标量底夸克　$\tilde{\gamma}$ 超光子

$\tilde{v}_e$ 标量电子中微子　$\tilde{v}_\mu$ 标量μ子中微子　$\tilde{v}_\tau$ 标量τ子中微子　$\tilde{w}$ 超W子

$\tilde{e}$ 标量电子　$\tilde{\mu}$ 标量μ子　$\tilde{\tau}$ 标量τ子　$\tilde{z}$ 超Z子

● 标量夸克　● 标量轻子　● 超规范子

在日本西部。我们测量它们的弹跳力。如果两窝猫的平均弹跳力测下来没有差异的话，就可以认为针对猫的弹跳力来说，日本两个地点之间的交换这一操作是对称的。

了解系统的对称性是至关重要的，因为对称性可以向我们展示作用于系统的力。就拿之前猫的例子来说，这些猫具有同样的肌肉力量，并且无论住在什么地方，地球都同样会对猫产生引力。

"超对称性"是在 1971 年由当时的苏联物理学家尤里·高尔方、叶夫根尼·利希特曼等人首次提出的。它的最终目标是尝试统合两大基本粒子（费米子和玻色子）来实现粒子的统一。

电子、质子或夸克等构成物质的粒子都是费米子；而传递作用力的是玻色子（规范玻色子）。这两类粒子具有明显差异，费米子的自旋为半整数，而玻色子的自旋为整数。如何才能将这两类粒子统一呢？

在超对称性的世界中，每一类粒子都与另一类粒子与之相匹配，被称为"超对称伙伴"。超对称性给所有的玻色子匹配了相应的费米子，给所有的费米子匹配了相应的玻色子。

根据超对称性理论，在某种情况下，一类粒子可以转变成另一类粒子（玻色子和费米子之间的"对称变换"）。

我们目前还没有发现这样的超对称伙伴。但是，超对称性简化了超弦理论中的数学形式。因此，弦物理研究人员认为，这暗示了超对称性概念中可能存在着某个真相。

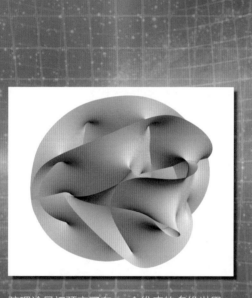

第 7 章

人类是膜宇宙的住民吗

弦理论最初预言了有 26 个维度的多维世界。后来理论物理学家将维数减少到 10，但仍表示有 6 个"额外维度"被折叠在极微小的空间中。丽莎·蓝道尔还将大家领向了未知的膜宇宙，让世界感到震惊。

比十维更深层次的谜团

在弦理论中，各个基本粒子的寿命都与标准模型中所描述的不同。在标准模型中物质的构成单位是零维的"点"粒子。相对地，弦的大小恐怕比质子的 1000 亿分之一还要小，但却具有一维应有的长度属性。

当弦振动时，会产生与振动模式相对应的"固有谐振"。这种固有振动就是物理学上所说的"粒子"。由于有无数种振动模

在我们的宇宙空间中，难道隐藏着肉眼看不见的十维？ （图片来源：NASA/ESA）

式，所以由弦振动产生的物质也有无数种——因此弦理论可以说明，自然界由所有类型的粒子构成。

在物理学中，把粒子看作谐振现象并不稀奇，但相对地，人们对弦理论所涉及的"多维"概念却并不熟悉。在思考这个理论时，必须先放弃基于我们在现实世界普遍能接受的维度，即放弃用三维空间或四维时空来思考事物的习惯。

如上所述，最初的弦理论需要 26 个维度，现在所需的维度却减少到 10 个维度。但为什么偏偏是十维呢？是因为物理学上的要求吗？

非也，这是因为数学（数学公式）的需求。正如前面提到的施瓦茨和格林所说，只有在十维中计算弦理论时，才能既不矛盾又相互协调。在十维中，所有的矛盾都能抵消为零，只留下十维中的弦。

加来道雄在其著作《超越时空》中对这一计算过程作了如下说明：

"在计算弦是如何在 n 维空间中散开并重新组合时，出现了一个接一个无意义的项，破坏了这个理论的杰出特性……因此，要想消除这种不合理的项，就必须把 n 定为 10。事实上，弦理论是唯一一个要求时空维度为某个特定数字的量子理论。"

那么，时空被定为十维仅仅是由于数学中的猜想吗？

答案或许是 YES。但是弦理论的研究人员认为，这种数学魔术能够成立，一定是因为在现实世界的深处潜藏着十维。实际上，当人们首次计算出没有矛盾的弦方程式时，物理学家们就仿佛从中看到了爱因斯坦方程式的影子，并为此大吃一惊。这不正暗示着更为深刻而又本质的现实吗？

姑且不论其真伪，据加来道雄宣称，高维几何学是这一理论的核心。在目前看来，那也属于"更深层次的谜团"之一。

普林斯顿弦乐四重奏和卡拉比−丘空间

弦理论研究者（上回对话之后不久）：大自然的神啊，请再等等。这个新理论不符合现实情况。弦理论需要十维，而现实世界最多只有四维啊。

大自然之神：那就赐予你"卡拉比−丘流形"吧。这是一组非常棒的装置，一定能将弦理论都包含进四维中去的。

弦理论研究者：快快赐予我吧。

大自然之神：愉快地收下吧。

十维流形（空间）中，除了我们熟悉的四维时空之外，还包括 6 个"额外维度"。与卡鲁扎−克莱因理论中描述的第五维度同理，这 6 个额外维度的大小跟普朗克长度一样极其微小。那么接下来，我们要如何将这 6 个额外维度引入平常的四维时空中去呢？

如果只有一个额外维度，操作起来就简单了。只需要将它围成一个圆圈就可以。这个圆圈存在于四维时空的所有地点。

如果额外维度有两个，则可以团成球状。考虑到别的可能性，有时也会围成圆环状。并且和前面圆圈的情况一样，无论是球状还是圆环状的额外维度，都存在于四维时空的任何地点。

六维时空

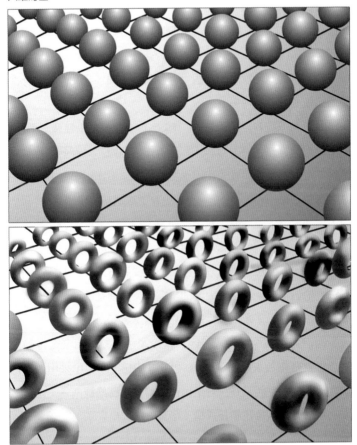

六维时空将四维时空以外的 2 个额外维度紧化了。上图展示的是把额外维度揉成球状的方法，下图展示的是围成中空圆环的方法。

（图片来源：Brian Greene，The Elegant Universe，1999）

但在超弦理论中，有 6 个额外维度的情况下，就不能以这种方式简单地揉成团了。之所以这么说，是因为将额外维度折叠起来的方法多到令人头晕。而且这个额外维度还不能随意地卷曲或折叠。由于理论的严格限制，我们难以把握额外维度的几何形状。

关于这个问题，最初有观点认为额外的 6 个维度也许可以构成一个独特的圆环状。但是弱力分左和右，圆环状几何学与标准模型的核心部分相冲突。

原因与夸克和轻子的自旋⊖有关。自旋分为左手性和右手性，根据自旋的方向，弱力对粒子产生的作用不同。只有弱力才具有这种神奇的性质，而且只作用于左手粒子，不作用于右手粒子。

在弦理论中，弱力不作用于右手粒子这点是一个很大的问题。因为标准模型依赖于左手粒子，而左手粒子恰恰由弱力支配。如果忽略这一事实，就意味着弦理论没有囊括标准模型的能力。

1985 年，4 位美国物理学家第一次找到了走出这条死胡同的方法。他们都是普林斯顿大学的研究者，分别是戴维·格罗斯、杰弗里·哈维、艾米尔·马丁内克和瑞恩·罗姆。

他们为了将六维揉成一团，提出了一种复杂而又奇怪的方法。这就是在后来广为人知的"卡拉比-丘空间"中采用的几何学方法，这个空间早在弦理论出现之前，就已经被两名美国数学家欧亨尼奥·卡拉比和丘成桐（华裔）研究出来了。

⊖ 自旋
　基本粒子具有的物理性质（自由度）之一，与自转类似。但由于这些基本粒子都是点粒子，因此它们的自旋与宏观物质的旋转运动迥然不同。

这 4 位研究者新发明的弦理论后来被命名为"杂弦理论"，他们当时戏称自己为"普林斯顿弦乐四重奏"——其实真的有普林斯顿弦乐四重奏团存在。

此后不久，又有另外 4 名物理学家撰写了推进这种理论的第 2 篇论文。它描述了如何将对粒子物理学的最新理解整合到弦论中，这篇论文的作者之一就是后来成为超弦理论领军人物的爱德华·威滕。威滕后来还创造出了"M 理论"，被其他理论物理

卡拉比−丘空间

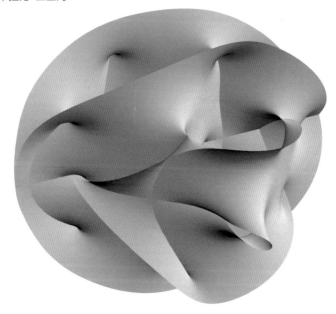

在弦理论中，该宇宙有十个维度，剩余的 6 个维度被折叠成像上图那样复杂的形状（图中只是其中一个例子）。

学家视为当代最伟大的物理学家之一，甚至有些人认为他是爱因斯坦的接班人之一。

卡拉比-丘空间不仅数学结构极为奇特，而且错综复杂。因此，当我们在二维空间描述它时，只能勉强把握它的整体形象。这个空间的总体思路大概如下所述：

在卡拉比-丘空间中使弦振动，这样的话振动的弦的形状和排列就会直接影响振动模式。也就是说在弦理论中，振动模式可以间接体现各种基本粒子。

普林斯顿弦乐四重奏

普林斯顿大学的4名研究者，构建了5种超弦理论之一的杂弦理论（封闭的圆环状的弦）。

（图片来源：木原康彦/Yazawa Science Office）

另外，在典型的卡拉比-丘空间中存在一个类似甜甜圈的洞，这个洞也会影响弦的振动。虽然一个甜甜圈只有一个洞，但是在卡拉比-丘空间中有很多洞，具有多维结构。且空间中洞的数量各异，有 3 个、4 个、5 个，或是 25 个。甚至有的空间多达 480 个洞。

关于卡拉比-丘空间的形式还没说完。如果将肉眼看不到的六维在卡拉比-丘空间中进行紧化，就会产生数万种甚至数百万种形式（谁也不知道确切的数字）。

爱德华·威滕

1995年，他提出了"M理论"，试图将5种超弦理论统一在一起，冲破弦理论所面临的困境。他于1990年获得数学界的诺贝尔奖——菲尔兹奖。

但是，由于额外的六维有无数种可能性，它将不得不面临"唯一性"的问题。即，这么多种形式的卡拉比-丘空间，到底应该选择哪一种呢？

对此，迈克尔·格林曾在其著作中写道："如何从卡拉比-丘空间中找出合适的形式——这是一个至今未解决的问题。"

实际上这是一个大问题。因为从弦理论中得到的物理学结论被蜷缩维度的正确形状所支配。因此，如果不能选出适当的卡拉比-丘空间，就会变成格林所说的那样，"得出了在实验中无法确认的结论"。

由此可以明显看出，超弦理论并没有那么简单。高维的引入使这个理论变成了难以处理的复杂物理模型。

统一 5 种超弦理论的"M 理论"

弦理论研究者（距离上次又过了一段时间）：大自然之神啊，请等一下。描述卡拉比-丘空间的方法实在太多了，并且人们还在不断执着于研究它。而且弦理论虽然符合负的"宇宙常数"[⊖]，但是我们目前只有正的宇宙常数。该怎么做才好呢？

⊖ 宇宙常数

表示空间之间某种"宇宙斥力"的常数。1917 年爱因斯坦以广义相对论为基础构建宇宙模型时，为了使宇宙"静止"，在引力场方程中强行加入了"无法反悔"的宇宙常数项。后来这一理论一度消亡，但在现在的宇宙学中宇宙常数又被"复活"了，它代表着真空中的能量密度。20 世纪 90 年代初的天文观测结果显示这个常数具有正值。

　　大自然之神：不必担心。你可能只需要一些胶布，将弦和智慧封进卡拉比-丘空间中。所有的准备就完成了。

　　20 世纪 90 年代初，对超弦理论的夸大评价已经使该理论成为一个怪谈。当时一共有 5 种超弦理论并存。它们各自由不同的相互作用力构成，各个理论之间也都没有什么矛盾。这意味着什么？意味着具有潜力的多维空间可能有无数种。

　　实际上，真要细数起来，把十维塞进四维中去的方法多到无穷无尽，足足有 10^{500} 种！1 的后面有 500 个 0，这个数字远远超过了全宇宙中存在的原子总数。这样一来，根本无法估算出哪种方法才是符合现实世界的。

　　很多物理学家都批评了这种荒唐的情况，其中包括世界瞩目的诺贝尔奖获得者理查德·费曼，还有第二次世界大战之后那些才华横溢的实验物理学家们。

弦的相互作用

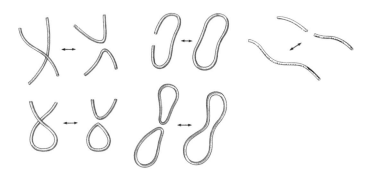

闭弦和开弦产生相互作用的基本模型。　　　　　　　（图片来源：Yazawa Science Office）

理查德·费曼

以独创性和幽默风趣的口才而闻名的 20 世纪代表性物理学家之一。费曼一生都对超弦理论持否定态度。
（图片来源：AIP/Yazawa Science Office）

费曼表示，自然原理是很单纯的，正因如此，才显得更为美丽。1988 年，他在临死前留下了这样一段话：

"我强烈地感受到超弦理论就是一个愚蠢的想法！……这些不正常的理论一个个都朝着错误的方向在前进。"

最终打破这种状况、解救超弦理论的还是威滕。牛津大学的数学家、物理学家罗杰·彭罗斯在其著作《通向实在之路》（*The Road to Reality*）中关于威滕这样写道——"你要去哪里？剩下的路要走完应该不需要那么多时间。"

威滕的父母都是物理学家，他也和一位女性理论物理学家结婚了。尽管这样，他在大学里却埋头于语言学相关的历史研究。

大学毕业后，他又投身于 1972 年民主党总统候选人乔治·麦戈文的选举运动中。在那之后，他终于决定开启物理学生涯，在年仅 28 岁的年纪，一下子"飞升"至普林斯顿大学教授职位。

一位同事曾这样描述威滕的日常行为——"他总是坐在椅子上，一边在脑海中计算大量的方程式，一边眺望窗外。"

威滕认为，前面提到的 5 种超弦理论均来源于谜团中无法解释的未知理论的那 5 种暗示，于是将其理论命名为"M 理论"。谁也不知道"M"这个字母意味着什么。人们推测这个 M 是

M 理论

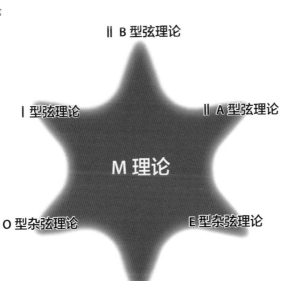

Ⅱ B 型弦理论

Ⅰ 型弦理论　　　　　　Ⅱ A 型弦理论

M 理论

O 型杂弦理论　　　　　　E 型杂弦理论

11 维超引力理论

将都属于 10 维世界的 5 种超弦理论统一，再加上时间维度，就推导出了 11 维超引力理论这一最新假说。

"Membrane（膜）"、"Magic（魔术）"或"Mysterious（神秘）"的首字母。也许他是为了解释某个含义才故意这么做的。

威滕试图将 5 个超弦理论统一为一个理论，但还需要另一个维度。有了那个维度，空间就会变成 10 维，再加上时间，时空的维数就是 11 维。

为什么选择 11 维呢？据威滕称，这与"超引力"的概念有关。超引力的概念在大约 20 年前就被开拓，当时这个概念就需要 11 维的加入。详细的说明就暂且略过，所谓超引力是指超对称性和引力的结合。这是从某个"怪物"一样的数学公式中被发现的。

数学家黎曼推导出的度量张量仅由 10 个元素组成。与之相对的，处理超引力的"超度量张量"如字面上的"超"所形容的一般，由数百个元素构成，这要求致力于此项研究的数学家具有超乎常人的忍受痛苦的能力。

所有研究弦理论的人都希望 M 理论能够将超弦理论从头至尾统一起来。但这是一个现在看来还很遥远的梦想。因为虽然 5 个超弦理论都可以由 M 理论推导出来，但是 M 理论本身已经超越了超弦理论，延伸至我们无法理解的领域去了。

有些物理用语会在名词前加上"超"这个字，如我们现在听过的超对称性和超引力。11 维的 M 理论也与被称为"超膜"的概念息息相关。

超膜这个概念可以追溯到 20 世纪 80 年代初。直到 20 世纪 90 年代，弦理论研究者才重新提出这一概念。他们期待通过这种方式解决弦理论涉及的各种问题。他们认为，不仅仅是弦，通过致力于"高维膜宇宙"的研究，就能发挥出超弦理论的作用。

漂浮着所有"泡泡宇宙"的"多元宇宙"

超弦理论最简单的情况就是,弦的末端不可能暴露在空空如也的空间中,因此弦一定会形成一个闭合的环,即闭弦。但是这个想法在膜宇宙出现时发生了改变。现在认为,膜宇宙中有可能存在"非闭合的弦",即开弦。

这种弦的两端都用基本粒子表示,并且由于两端不能离开膜宇宙,所以基本粒子会被封闭在膜宇宙上。这样一来,膜宇宙就能具有质量、能量、电荷等自然界的一切属性。

膜宇宙是高维空间中的低维存在。这就好比浴室中的浴帘,

膜宇宙上的开弦

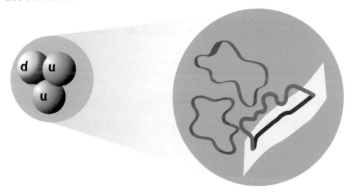

在膜宇宙理论中,传递强力、弱力、电磁力的媒介粒子和构成物质的粒子是由开弦承载的。由于开弦的两端与膜宇宙结合,无法分离,导致基本粒子被困在膜宇宙上。而传递引力的粒子(引力子)是由闭弦组成的,因此它可以在五维空间中自由运动。

(图片来源:NASA)

我们可以想象成在三维浴室里存在着二维的薄膜状物体。

但是膜宇宙也可以作为在高维空间中的多维"面"而存在，如二维膜和三维膜，其中最有意思的是三维膜宇宙。因为这恰好与我们世界中所看到的三维空间相吻合。

根据这个观点，我们每天生活和眼前看到的世界都是三维膜宇宙。它既如同海水中的泡沫，又好比高维海洋中的三维岛屿。

理论家们把这个巨大的高维空间称为"体"。也可以说，膜宇宙漂浮在广阔的"体"海洋上。

"体"已经超越了我们所能发挥的想象力的极限，其中不仅有三维、四维、五维的膜，还有更高维的膜宇宙也一起共存。漂浮着所有这些奇妙的"泡泡宇宙"（我们的宇宙也不过是其中之一）的"体"宇宙被弦理论研究者们称为"多元宇宙"。

M 理论简化后的"膜宇宙"的出现

就像我们之前所说的，M 理论是伴随着 11 维出现的极其复杂的宇宙理论。它由我们所居住的四维时空，加上超弦理论中提到的蜷缩在紧化后的极小空间中的 6 个空间维度和 1 个额外维度构成。

最后的第 11 个维度与紧化后的其他维度不同，这个维度相当大。因为这个维度是为了将 10 维超弦理论和 11 维 M 理论联系起来才引入的。其复杂程度一言难尽。

于是 1999 年，麻省理工学院教授丽莎·蓝道尔——当时凭

丽莎·蓝道尔

第一位获得普林斯顿大学、麻省理工学院和哈佛大学终身教职的女性。1999 年与桑壮一同提出"弯曲的额外维度"，引起广泛关注。

借美貌和聪慧的头脑已经成为理论物理学界明星——和她的研究伙伴拉曼·桑壮对 M 理论进行了超简化模型的设计。后来，这个模型作为"蓝道尔-桑壮模型"而广为人知。

这种情况下需要的额外维度的维数与 100 年前的卡鲁扎的想法相同，只要 1 维。尽管如此，它的内部却产生了体宇宙，这个宇宙包含五维时空，还包含具有三维空间和时间维度的膜宇宙。

因为这个膜宇宙中充满了物质，也就有了质量，于是质量弯曲了额外维度。这样思考的话，就可以和描述物质（质量）使空

膜宇宙模型

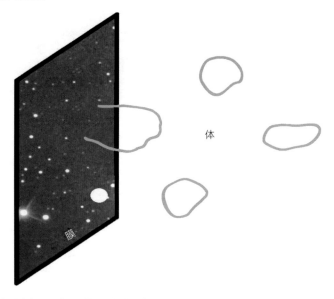

根据这个假设，我们所处的四维时空（三维空间和一维时间），被困在了膜的表面，而这个膜宇宙被包含在更高维度的"体宇宙"五维时空内。

（资料来源：L.Randall，Warped Passages，Allen Lane，2005）

间弯曲的广义相对论相吻合。也可以说，膜宇宙模型预言了"被弯曲的五维空间"。

另外，由于弯曲的程度如此大，因此产生了"事件视界"——也就是说，哪怕是到现在为止被认为作用范围最广的引力，也只能在离膜有限的距离范围内发挥作用。

那么我们要如何能在脑中描绘出这样的膜宇宙模型呢？

图中用二维方式表现了存在于高维体宇宙中的三维膜宇宙（也就是我们平常看到的宇宙）。虽然图中是限定在框内描绘的，但实际上这个膜宇宙是沿各个维度无限延伸的，而且所有物质都被封闭在这个膜宇宙上。能够在体宇宙中观察到的只有引力，它在体宇宙中是以闭弦为媒介自由运动的。

在"引力膜宇宙"和"弱膜宇宙"之间

初期的膜宇宙模型中只考虑到了一个膜宇宙。但是后来理论家们对模型加以拓展，最终得到了两个膜宇宙。

这个改良型膜宇宙模型由两个并行的膜宇宙构成。其中，体宇宙宛如三明治一般被夹在两个膜宇宙之间。因此在两个并行的膜宇宙之外不存在任何区域，所有时空都分布在被夹在它们中间的体宇宙中。

这个宇宙模型的优秀性质能够很好地解释为什么对我们来说，引力是一种非常微弱的力。引力为什么比原子核内的力（强力与弱力）和电磁力还要弱得多呢？这也是物理学家们一直在探索的问题。

　　但是在这个宇宙模型中，两个膜宇宙只有其中一个引力较弱，也因此产生了宇宙是成对存在的想法。如果有什么东西在两个膜宇宙之间移动的话，它的质量就会变大或变小。这是因为膜宇宙之间的广大空间是弯曲的。

　　现在让我们来思考一下两个膜宇宙和引力之间的关系。引力被限制在两个膜宇宙的其中一个（被称为"引力膜宇宙"）之中。在这个膜宇宙中，引力具有与其他三种基本力相同的强度。但是由于体宇宙是弯曲的，在我们"碰巧"生活的另一个膜宇宙（被

膜宇宙模型

体宇宙

从这个模型来看，我们所处的膜宇宙和另一个膜宇宙之间存在着广大的体宇宙空间。

称为"弱膜宇宙")中引力变弱了。

换一种说法也就是,"引力场在额外维度中扩张了"。因此,引力在到达我们所居住的弱膜宇宙时就减弱了。实际上我们所了解到的引力是极其微弱的,因为随着引力场的扩张,引力强度会呈指数形式下降。因此,尽管两个膜宇宙相距不远,但其质量相差很大——多达 16 个数量级。

还有另一种类型的膜宇宙模型。蓝道尔和桑壮发现的这个模型向我们展现了格外奇妙的可能,我们怎么也无法察觉到弯曲的

引力膜宇宙和弱膜宇宙

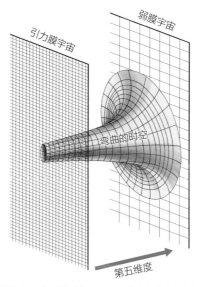

我们现在居住的宇宙"弱膜宇宙"和另一个膜宇宙"引力膜宇宙",被弯曲的五维时空(体宇宙)所分隔开。随着物质从引力膜宇宙向弱膜宇宙移动,虽然大小在增加,但质量和能量却在不断减少。也就是说,在弱膜宇宙中引力会变弱。

(资料来源:Lisa Randall,Warped Passages,2005)

第五维度，因为其无限广泛地延伸。在这种情况下，弱膜宇宙与五维之间的边界就不复存在，这个膜宇宙可能只是被扔到无数个额外维度中去而已。

寻找"KK 粒子"的踪迹

现在看来，膜宇宙是一个非常奇妙的世界。前面提到的皮埃尔·拉蒙，弦理论的领军人物之一，曾在演讲中这样说道：

"不管怎样，膜宇宙世界在我的头脑中出现了各种各样的想法，但我不知道它们在实际上意味着什么。"

一些理论学家在对膜宇宙模型中出现的不可思议的现象感到兴奋的同时，也期待着通过实验得出令人兴奋的结果。他们心想也许有望能看到出现在高维空间的粒子。

丽莎·蓝道尔就是怀抱着这种期盼的人中的一员，她将这个粒子，也就是从这个宇宙模型中发现的假想使者称作"卡鲁扎-克莱因粒子"，简称 KK 粒子。她预测，这些粒子将以额外维度为起源，在我们居住的四维时空中以特别的姿态出现。

但是，究竟如何才能观测到这样的粒子呢？我们在本书的第5 章中已经理解了我们无论如何也无法观测到"普朗克长度"大小一般的紧化额外维度。无论人类文明有多么强大，无论我们有多么先进的观测技术，都不可能真正看到它。

然而，在膜宇宙模型中，额外维度可能远远超过了普朗克长度，从肉眼可见的几毫米大小到蓝道尔所说的"无限长"。

在膜宇宙模型中被严重弯曲了的几何学世界中，KK 粒子具有的能量高达数万亿电子伏特只要我们能提供。如果 KK 粒子真的存在的话，如此高的能量，这种粒子就有可能出现在我们面前。

而现在地球上有实验装置可以产生这种超高能量，那就是欧洲核子研究组织的大型强子对撞机。

在这个加速器中，原子核（质子）以接近 30 万千米 / 秒的亚光速进行对撞。在一瞬间质子由于对撞开始崩坏，产生出极其不稳定的高能新粒子。且这些粒子一出现就立刻衰变，在释放出能被巨大的检测装置观测到的低能粒子后便会消失。

KK 粒子也属于这种新粒子，通过加速器的运作生成，再走向衰变。因此，如果能调查粒子崩坏后的生成物，并从中再推测出它原本的质量和自旋情况，KK 粒子应有的特殊性质就会逐渐明朗。

这一瞬间令人目眩，或许我们不知不觉中就证明了自己生活在膜宇宙中的事实。

作为后记的终章

现在数学家和物理学家关于维度和空间的讨
论与研究，离终点还有很长一段距离。对于
我们人类来说，这个世界是三维世界，能构
想出四维时空已经是竭尽所能了。但我们要
想真正科学地理解这个世界，今后便不能放
慢探索维度的脚步。

数学家和物理学家的墓志铭

在之前的章节中，我们了解到"维度"的含义及其各种解释。其中，从零维度到无限维度之间存在着无数个维度。

但是，在人类生存的这个宇宙中，并不存在既能用眼睛看见又能用手触碰到的维度。哪怕把家里的地毯掀起，向地下深度挖掘也无法看到维度的面貌；即使用哈勃空间望远镜观测遥远的星系，那里也不会浮现出维度的模样。我们能看到的只有地毯下的地板，地下的泥土、岩石，遥远星系中的恒星和星际气体等实在的物质。

尽管如此，维度仍有着与人类文明同样悠久的历史。这是自古希腊以来通过对知识的探索而得出的历史。古希腊人理解自己生存的空间世界是怎样的，并试图用普遍的规则来定义它。

维度的发展始于人们都能直观理解的三维空间，再迈向数学中的四维，后来进一步走向令理论物理学家和科幻小说迷无法自拔的四维时空的时代。接着20世纪中叶以后，顺应量子力学这一新兴物理学潮流的人们开始在量子场论的海洋中遨游，于是弦理论、超弦理论、M理论、多元宇宙和膜宇宙陆续出现了。孕育出这些新思想、新理论的人们不满足于牛顿三维空间和爱因斯坦的四维时空，主张人类是高维和多维世界，或者额外维度宇宙的住民。

他们似乎在说，我们人类每天都在承受着喜怒哀乐的这个现实世界其实是虚幻的。

但也许，正如伟大的费曼所说的那样，他们所追求的也可能是"完全错误的方向"。人类充满智慧的探索历程正引导我们用头撞向坚固的砖墙，或是引向了一种无果的命运，宛如流淌了几千千米的河水最终伴随尼亚加拉大瀑布的飞流直下化为泡影。

但是这里并不一定要得出任何结论，毕竟谁也不能预知明天的风向和未来的终点。

维度的历史可以说是专门研究维度的人们，或者那些需要把维度的产生作为专利的人们的工作历史。这些人包括古代的自然哲学家、近代的数学家和物理学家，以及现代的宇宙学家。

这些提出了新的空间和时间观念的时代领军者们，现在大多作为大数学家或大物理学家而名垂青史。正在致力于研究新维度世界观的人们，也许在不久的将来也会将伟大的科学家名号刻于墓志铭上。

在这之前，我们身为普通大众只需耐心等待，等待他们最终取得成功的那一天。到那时，他们可能会实际验证出这个世界是由多个维度和额外维度组成的，并且 M 理论和膜宇宙能给我们带来关于时间和空间的新的答案。

时间的存在与不存在

然而，即使他们继续推进这个问题，终点也仍在无比遥远的彼方。并且本书到目前为止，都是把包括时间的维度（时空）作为这个宇宙本来的属性并以此为前提展开故事的。但是，这个宇宙真的必须要以此为前提才能存在吗？

人类根本就没有对"什么是时间"这一问题给出过一般性回答。即使是那些在本书中留下了名字和功绩的历史人物也是如此。

这里所说的时间不是指1秒钟或1分钟这样的测量对象，而是对"时间究竟是什么"产生的根本性的发问。例如，时间通常被定义为"一种非空间连续体，事物在其中从过去通向未来连续且不可逆地发生"。

读者对这种解释能接受到什么程度呢？这只是通过数学、物理学和工科领域中使用的"连续体"概念阐述了时间具有的属性而已。

连续体是研究宏观模型时的技术性术语，它是将一个对象看作"无穷小的点系列（零维）"的概念。意思是说，"不谈那些细节，将一连串的事物揉成一团，就不会产生太大的错误"。可见它原本就不够严密。

在用相对论的共通规则来解释空间和时间时，有时会将四维时空称作"时空连续体"。实际上，这个理论对于宇宙中的宏观尺度和接近光速运动的物体来说基本成立，这一点也通过天体观测得到了证实。因此，通过这个理论，无论多么离奇的故事都可以尽情地书写。只要是利用了广义相对论，谁都不会把这些思考当作是无稽之谈，也不确定是否可以这么认为。

但另一方面，照这么说，我们身边的空间和时间就宛如灵丹妙药一样被揉成一团吞进了我们肚里，连物理学家都无法明确区分我们在多大程度上是时空连续体的居民。因此，对于按照地球时间生活在地球表面空间的人类来说，空间仍然是"绝对空间"，时间也仍是"绝对时间"。

不仅如此,如果把科学这个工具先放在一旁,从哲学的角度来看的话,在这个宇宙中是否存在时间也说不准。

早在2000多年以前,古希腊哲学家巴门尼德就提出了时间并非实际存在的观点。他在以下的说明中,论述了时间是不存在的,所有的变化都不会真正发生。

一个物体要想运动一段距离,必须先运动无限小的距离。然而,任何物体都不能无限重复这种运动,因此,任何距离的运动都是不可能的。换句话说,事物不可能发生变化,因此也就不存在时间的流逝。事物本身是完整的,不存在正在变化的中途状态——巴门尼德的弟子芝诺也主张类似的观点。他认为,物体不

巴门尼德
他主张理性,认为只有"存在的东西"才是哲学的研究范畴,确立了埃利亚学派。

可能运动。因为乍一看像是在运动的物体实际上在每个瞬间都是静止的，物体本身无法运动。也就是说，物体只是在每个瞬间不断地占据空间。

古罗马有一句谚语："时间只在快乐的时候才会流逝。"如果科学家们不能客观定义时间，就理应认可这种时间论的真实性。

我们究竟在哪里

这些关于时间的思考并不仅仅是古代哲学家的看法。英国的现代理论物理学家朱利安·巴伯也在其1999年出版的著作《时间的终点》（*The End of Time*）中，基于对预测宇宙宏观尺度性质的广义相对论和预测微观尺度性质的量子力学的深入思考，得出了"流逝的时间是不存在的"这一结论。这与巴门尼德等人的看法完全吻合。

巴伯表示，人类对时间的感知不过是我们的幻想而已。现代物理理论面临着各种各样的困难，特别是关于统一广义相对论和量子力学的量子引力理论（属于"终极理论"之一）的尝试屡屡碰壁，这是因为这些理论虽然都以时间的存在为前提，但却把时间看作完全不同的属性。

他还说，被人类看作是过去时光的东西实际只是人类记忆的产物，而未来也是因为人类的相信而存在。他认为，变化产生于对时间的幻想，每一个瞬间都是完全独立的存在，这些瞬间（时刻）构成了我们的"现在"。

朱利安·巴伯

巴伯说，人类感受到的"时间"其实是无数瞬间重叠而成的幻影。右图是他的著作《时间的终点》。

照巴伯的看法，这个宇宙中不存在运动和变化。我们一直以来都坚信时间是"可以解释为运动、变化或历史的一种固定模式"。

比巴伯早一个世纪的剑桥大学哲学家约翰·麦克塔格特在1908年所写的著作《时间的非实在性》（*The Unreality of Time*）中也提出了类似的结论。

关于这个问题，也许应该引用一下与麦克塔格特同时代的爱因斯坦的言论。爱因斯坦在他的日记中曾写道："对于相信物理学的我们人类来说，要想区分过去、现在和未来不过是一种执念。"

另外，倘若借用1969年通过夸克理论获得诺贝尔物理学奖的默里·盖尔曼的说法，在这个世界上任何事物的出现，都是从"时间冻结的偶然"中解放出来的结果。

从一个稍微不同的角度来看，我对相对论所创造的四维时空（今天许多物理学家都相信它，并在从小学生到老年人的普通大众中如此受欢迎）以及之后的更高维和更奇怪的多维宇宙有一些疑问。我想知道这是否是现代物理学被新的数学技巧所迷惑而进行的一场魔术表演。

但对此，生活在21世纪的我们却束手无策。在拥有长、宽、高的世界生活着的我们至少可以说是三维世界的居民，抑或者是融合了时间维度的四维时空的一部分。

或许我们的宇宙不过是在无比广阔的两个膜宇宙之间漂浮着的无数泡泡宇宙之一。在这个宇宙的一个小角落中，我们带着未知的疑问不断思索，度过无数个不眠之夜。我们可能只是"普朗克长度"的弦在巴伯所说的"被固定静止的无数瞬间"中振动所组装成的微小有机体罢了……